Diana Tiebes

DIE FÜNF HUNDETYPEN

in der traditionellen chinesischen Veterinärmedizin

Müller Rüschlikon

Einbandgestaltung: R2 I Ravenstein, Verden
Titelfoto: ©Даша Швецова/stock.adobe.com sowie
© Simone/stock.adobe.com

Bildnachweis: siehe Seite 174

Alle Angaben in diesem Buch wurden nach bestem Wissen und Gewissen gemacht. Für einen eventuellen Missbrauch der Informationen in diesem Buch können weder die Autorin noch der Verlag oder die Vertreiber des Buches zur Verantwortung gezogen werden. Eine Haftung für Personen-, Sach- und Vermögensschäden ist ausgeschlossen.

ISBN 978-3-275-02258-8

Postfach 103743, 70032 Stuttgart
Ein Unternehmen der Paul Pietsch Verlage GmbH
& Co. KG

1. Auflage 2022

Sie finden uns im Internet unter
www.mueller-rueschlikon-verlag.de

Lektorat: Claudia König
Innengestaltung: R2 I Ravenstein, Verden
Druck und Bindung: Graspo CZ, 76302 Zlin
Printed in Czech Republic

Für Higgins,

den großartigsten Hunde-Typen der Welt.

Danke für Deine Liebe,
Deine Ehrlichkeit,
Deine Verrücktheiten,
Deine Einzigartigkeit,
Deine Vertrautheit,
Deinen Frohsinn.

Ich habe so viel von Dir lernen dürfen.

Wir sehen uns.

INHALT

DIE PROTAGONISTEN

Higgins

Yana

Cooper

Jack

Toxie

Lucky Luke

Goldi

Tammie

Sam

Olga

Bosse

Rudi

Keks

Hey Hey

EINLEITUNG

Higgins, ein Labrador-Ridge-Mix, mit großem Herz, harmoniebedürftig, immer etwas sorgenvoll, wasserscheu, zu 100 % abrufbar und verträglich, nicht der Mutigste und dennoch ein wahrer Held! Hier mit meiner Tochter Leonie.

Jeder Hund ist einzigartig!

Jeder Hund bringt seine eigene Persönlichkeit mit, ganz gleich, welcher Rasse er angehört.
Klar, der eigene Hund ist immer ganz nah dran an der Heiligkeit, keiner ist schöner oder besser. Wenn das Hunde-Menschen-Team erst einmal im Herzen verankert ist, dann reicht dem eigenen Wedler eh niemand das Wasser. Gut so!
Doch trotz aller Einzigartigkeit, die jeder einzelne Hund mitbringt, gibt es einige Parallelen: Körperbau, Schwächen, Stärken, bestimmte Eigenschaften und Vorlieben, aber auch Disposition: (Bereitschaft, Veranlagung) zu bestimmten Krankheiten. Diese sind sicherlich auch rassetypisch, dennoch sind innerhalb einer bestimmten Rasse verschiedene Ausbildungen der Charaktere oder Eigenschaften sowie körperliche Merkmale zu beobachten. Generell

sind Hunde Jäger sowie Rudeltiere und aus diesem Grund bewegungsfreudig und rangordnungsliebend, der eine ist etwas fauler, der andere von vorneherein unterwürfig.
Aber alle haben eines gemeinsam: Sie sind Hunde.
Doch: Nicht jeder Dackel jagt Kaninchen und nicht jeder Labrador ist freundlich. Aber vermutlich ist jeder Dackel etwas dickköpfig und jeder Labrador verfressen. Stimmt´s?
Also halten wir fest:
Die Hunderassen selber bringen ein ziemlich festgelegtes Angebot an bestimmten Merkmalen mit, aber nicht alles Charakterliche und Körperliche ist in Stein gemeißelt. Und das macht es gerade so interessant. So bietet es sich an, sich einfach mal ein genaueres Bild seines Hundes zu machen, um das Beste aus ihm herauszuholen, ihn sinnvoll zu fördern und gesundheitlich zu unterstützen. Einfach, um ihn als eigene Persönlichkeit, als Typ, besser zu verstehen. Vielleicht erklären sich so manche Schwierigkeiten in der Erziehung, chronische Erkrankungen oder Anfälligkeiten?
Für den Besitzer bedeutet dies nun, sofern er mag, sich intensiver mit der »Summe an Einzigartigkeiten« seines eigenen Tieres zu beschäftigen und sich dazu die 5-Elemente-Typen-Beschreibungen in der traditionellen chinesischen Medizin genauer anzuschauen.
Im fernöstlichen China gab es schon vor vielen tausend Jahren ein in sich stimmiges Weltbild-Verständnis, welches mit der uns heute bekannten westlichen Auffassung wenig gemein hat. Die chinesischen Weisen erklärten die Welt und das Leben darauf in einem immer sich wiederholenden System, einem Zyklus aus Phasen, die sich in einem stetigen Wandel befinden, die Natur immer als ihr Vorbild. Die chinesische Schrift ist zusammengesetzt aus Symbolen und so lag es nicht fern, auch diese Lehre in Bildern und Elementen zu beschreiben. Für die Schulmedizin nicht wissenschaftlich genug, aber für alle anderen greifbar und verständlich; und das seit beinahe 4000 Jahren. So wurde die Medizin verständlich für jedermann und das Leben daher beeinflussbar und die Gesundheit, nicht die Krankheit, eine Lebenseinstellung.
Diese Wandlungsphasen haben Zugehörigkeiten zu bestimmten Elementen, Jahreszeiten, Organen, Emotionen etc. So ist zum Beispiel das Wasserelement dem Winter und der Kälte zugehörig, seine Organe sind

Ein gesunder Hund hat immer Hunger. Ein Labrador noch zweimal mehr und steht immer parat, wenn seine Leute essen.

Hunde-Yoga gehört nicht wirklich zur TCM, Higgins hat es aber regelmäßig praktiziert.

die Niere und die Blase, der Geschmack ist salzig, seine Emotion ist im Negativen die Angst, im Positiven die Willenskraft, sein Gewebe sind die Knochen und die Zähne. Die Sprüche »Vor Angst in die Hose machen« oder »Vor Angst klappern die Zähne«, aber auch »Der hat Biss« kennen wir alle.

Jedes Element hat also bestimmte Eigenschaften und Merkmale, die niemals negativ aufgefasst werden dürfen, die chinesische Elemente-Theorie wertet nicht, sie stellt nur fest. Außerdem besitzt jedes Element für sich auch sehr positive Stärken. Nichts ist nur schlecht oder nur gut. Mir ist wichtig, dass Sie dieses verstehen, denn niemand möchte Ihren Hund einfach als den Leber-Typ mit der Wut oder den Wasser-Typ mit der Angst abstempeln. Vielmehr ist es angezeigt, das einzelne Element zu stärken, in Harmonie zu bringen, um in seinem Fluss zu bleiben oder dorthin zurückzufinden.

1. GRUNDLAGEN DER TCM

Traditionelle chinesische Medizin

Die Chinesen haben eine ganz andere Denkweise über die physiologischen und krankmachenden Vorgänge im Körper eines Lebewesens. Allein schon die Beschreibung und Benennung klingt anders und fremdartig. Wichtig ist, sich darauf einzulassen und dabei die klassische Schulmedizin einmal geistig »außen vor« zu lassen. Die traditionelle chinesische Medizin (TCM) hatte ihren Anfang vor über 4000 Jahren, daher ist es verständlich, dass Begriffe gebraucht wurden, die sehr bildhaft und fern der heutigen Wissenschaft sind. Das Interessante ist aber, dass sie keinesfalls falsch gelegen hat, nichts von ihren Erkenntnissen musste bisher korrigiert werden, im Gegenteil, sie weist sogar sehr viele Parallelen mit der Schulmedizin auf. Lediglich der Blickwinkel und die ganzheitliche Sicht der Zusammenhänge über das Entstehen und die Entwicklung der Krankheiten ist umfassender und weist ein in sich schlüssiges System auf.
Warum »die Angst in den Knochen sitzt« und »man Gedanken erst verdauen muss« wussten die Chinesen schon 2000 vor Christus. Doch dazu später mehr.
Die TCM erklärt alle Vorgänge im Körper mit dem Konzept von Yin und Yang, den 5 Wandlungsphasen und der Lebensenergie »Qi«. Dieses in sich schlüssige und vernetzte System erkennt schon sehr früh Disharmonien im Körper, sowie entstehende Krankheiten, da die Imbalancen eine Störung in der Harmonie von Yin und Yang schnell diagnostizieren lassen. Stauungen der Lebensernergie »Qi« stören den freien Fluss der Energien im Körper und zeigen dem aufmerksamen Beobachter schnell wo es hakt.
Chinesische Ärtze wurden im alten China nur so lange bezahlt, wie der Patient gesund war. Entstand eine Krankheit, hatte er versagt und bekam kein Honorar. Eine wahre »Gesundheits-Medizin«, die Krankheiten im Vorfeld erkennt und den Körper rechtzeitig stärkt.
Auf diese Weise ist diese Erfahrungsmedizin sehr lange gewachsen und gereift, sie kann frühzeitig eingreifen und die Harmonie von Körper und Seele wiederherstellen und dem Organismus helfen, sein Gleichgewicht wiederzufinden.

Yin und Yang

Die TCM und auch die chinesische Philosophie beruht auf dem Konzept von Yin und Yang. Das bedeutet, alles ist in diese zwei Stadien einer zyklischen Bewegung aufgeteilt, wobei sie fortwährend in das andere übergehen, wie der Tag in die Nacht und anders herum. Sie sind beide voneinander abhängig, kontrollieren sich stets gegenseitig und sind immer im Kern des anderen enthalten, obwohl sie beide gegensätzlich erscheinen. Keines kann ohne den anderen existieren. Ohne den Tag gäbe es keine Nacht, ohne das Helle nicht das Dunkle …

Ein reines Yin oder ein reines Yang gibt es nicht, alles ist relativ und stets in Bewegung und bemüht um ein gesundes Gleichgewicht. Ist eines von ihnen im Mangel oder im Überfluss, entsteht eine Disharmonie und mit der Zeit manifestieren sich Krankheiten. Es kann also auch ein Überschuss bestehen, weil der andere im Mangel ist und umgekehrt. Aber ich will es nicht zu kompliziert machen.

Yin bedeutet:
Nacht, Winter, Kälte, Leere, Dunkelheit, Wasser, Feuchtigkeit, innen, Ruhe, leise, langsam, unten, weiblich, rechts, Körpervorderseite, weich, blass, gehemmt, passiv, zusammenziehend, absinkend

Yang bedeutet:
Tag, Sommer, Wärme, Fülle, Helligkeit, Feuer, Trockenheit, außen, laut, schnell, oben, männlich, links, Körperrückseite, hart, rötlich, hektisch, aktiv, expandierend, aufsteigend

Auch wenn diese Begriffe gegensätzlich erscheinen, existieren sie nur durch die Anwesenheit des anderen und sie sind nicht absolut. Ohne Yin kein Yang.

Qi

Qi ist die Grundlage von allem, es ist die universelle Lebensenergie. Alles, was in Bewegung ist, ist Qi.
Ohne Qi ist kein Leben möglich, es befindet sich im ständigen Fluss; »pantha rei« – alles fließt.
Qi bewegt den Körper, da es sich in ihm bewegt. Es fließt entlang der Leitbahnen (Meridianen) unter der Haut und in den Gefäßen und versorgt alle Organe, wärmt den Organismus, kurbelt den Stoffwechsel an und sorgt für Wachstum und Erneuerung.
Das Qi verteilt sich zwar im Körper, ist aber an bestimmten Tageszeiten in manchen Organen bzw. Funktionskreisen vermehrt enthalten. Das ist die Maximalzeit eines Organs. In dieser Zeit ist das Organ am kräftigsten, zu diesen Uhrzeiten zeigen sich aber auch die Funktionsstörungen deutlicher. Zum Beispiel ist die Zeit der Erde der Vomittag (7–11 Uhr). Wenn morgendlicher Durchfall auftritt, der Organismus lange braucht, um in die Gänge zu kommen (geistig oder körperlich) oder die Beine schwer und angelaufen sind, lässt das auf eine Störung im Funktionskreis Milz/Magen schließen. Oder wenn jemand regelmäßig gegen 4 und 5 Uhr morgens erwacht, sollte man an das Organpaar Lunge/Dickdarm denken. Herzinfarkte treffen den Organismus vorzugsweise am späten Vormittag oder mittags (Herzfülle/zum Bersten gefüllt). Die Zeiten der Maximalzeit lassen sich an der Organuhr ablesen. Dazu später mehr.
Qi kann leider auch blockieren, sei es durch Verletzungen, Quetschungen oder Verstopfungen. Dies kann je nachdem zu unterschiedlichen Schmerzen führen.

Weitere interessante Informationen:
Qi ist wandelbar und existiert in verschiedenen Formen:
- Das »Ursprungs-Yuan-Qi« sitzt in der Niere und wird mit den Eltern an das Lebewesen vererbt. Diese Erb-Energie ist die treibende Kraft aller Vorgänge im Körper, eine Art Lebens-Töpfchen mit Inhalt und Batterien. Letztere kann man nicht – oder nur sehr schwer – wieder aufladen. Aus diesem Grund sollte man sehr vorsichtig mit ihr umgehen, sich nicht überanstrengen und seine Kräfte schonen. Vergleichen kann man sie grob mit der DNA-Zellteilungskraft, den Genen oder der angeborenen Konstitution. Sie steht in enger Verbindung zur »Essenz«, der feineren Form davon, die es zu bewahren und zu schützen gilt.
- Das »Wei-Qi« (Abwehr-Qi oder im Westen auch Immunsystem genannt, obwohl das nicht den vollen Umfang dieser Energieform widerspiegelt) hat seinen Sitz im Funktionskreis Lunge/Dickdarm. Es sitzt unter der Haut und zirkuliert dort. Es wird häufig auch mit den Faszien in Verbindung gebracht, denn ihr Netz ist vergleichbar und umhüllt, stützt und schützt den Körper. Die Wissenschaft hat in den Faszien Makrophagen (bewegliche Zellen) entdeckt, das sind Unterstützer des Immunsystems.

Die Haut (auch Schleimhaut), als das größte Organ des Körpers, schützt Lebewesen vor äußeren schädigenden Einflüssen. Dass gesunde Luft und die Art, wie man atmet, die Gesundheit positiv beeinflusst, wissen wir alle. Dass eine gesunde Darmflora einen Immunschutz darstellt, weiß inzwischen auch die Schulmedizin.

• Das »Gu-Qi« (Nahrungs-Qi) wird von dem Organpaar Milz/Magen bereitgestellt. Das bedeutet, dass die aufgenommene Nahrung entscheidend für die vorhandene Gesamtenergie im Körper ist. Es bildet zusammen mit der Atemluft die Gesamtenergie (Zong-Qi) und ist an der Blutbildung (chin. Xue) beteiligt. »Du bist, was Du isst.« So wird deutlich, warum gesunde, ausgeglichene Nahrung und gute Atemluft von so großer Bedeutung für die Gesunderhaltung sind. Allein das Zong-Qi kann das Ursprungs-Qi unterstützen und dafür sorgen, dass es nicht so schnell verbraucht wird und der Körper sich länger an Gesundheit erfreuen kann.

Was passiert, wenn der Organismus aus dem Gleichgewicht gerät?

Ein Hund mit zu viel Yang hat womöglich ein eher hitziges Temperament, bewegt sich schnell und hat viel Energie. Er neigt zu Juckreiz mit geröteter Haut und Übersprungshandlungen. Er ist durch sein manchmal überdrehtes Spielverhalten öfter verletzt. Er ist meist mutig und bellt oft und laut. Herzerkrankungen sind häufig ein Thema. Der Hund mit zu viel Yang benötigt viel Nahrung und trinkt mehr. Eine rote Zunge oder rote Schleimhäute und Durchfall, verursacht durch den schnellen Stoffwechsel, sind oft ein Problem für ihn. Die Krankheiten entstehen plötzlich und haben einen akuten Verlauf.

Ist das Yin im Überschuss, haben wir es eher mit einem ruhigen bis trägen Hund zu tun. Er kann eventuell ängstlich sein, schnell frieren, außerdem zu Ödemen und Fettansatz neigen. Hunde mit einem zu großen Yin-Anteil sind sensibel und anhänglich, schnell müde und neigen zu Gelenkerkrankungen. Inkontinenz und Blasenentzündungen treten häufig auf. Die Hunde speicheln viel und haben eine eher kalte und dicke Haut. Ihr Stoffwechsel ist verlangsamt, Durchfälle entstehen durch unzureichende Verdauung. Die Krankheiten entstehen langsam und werden oft chronisch.

So ein Yang- oder Yin-Typus ist natürlich bereits bei der Geburt in seinen Grundzügen festgelegt. Ein Überfluss oder Mangel (Fülle/Leere und damit verbundene Probleme) entsteht nur durch einen gestörten Fluss des Qi. Ein Ungleichgewicht kann durch Blockaden, Mangel an Zong-Qi (siehe oben) und/oder schädigende äußere Einflüsse, Traumata oder Verletzungen entstehen. Oft bedingt das eine das andere.

Das Blut (chin. Xue) und die Körpersäfte (chin. Jin Ye) fließen nun mit dem Qi durch den Körper. Wird der freie Fluss behindert oder gestört, kann es zu Mangelerscheinungen, Mangeldurchblutungen, Lipomen, Ansammlungen, Blockaden, Hämatomen, Bewegungsstörungen oder auch zu Knoten und Tumoren führen, mit Sicherheit führt er zu Unwohlsein bis hin zu Schmerzen. Das Blut (Xue) ist nicht zu vergleichen mit dem eigentlichen Blut im Sinne der Schulmedizin. Es ist eher substanzhaftes Qi, also fester in der Materie als Qi, doch auch das Blut selber gehört mit dazu. Hunde können aber nicht nur »körperlich« krank werden, es gibt auch die seelische und soziale Ebene.

Stress, Ängste, Sorgen, Kummer oder Probleme im Sozialgefüge können genauso zu Krankheiten führen und psychosomatische Probleme bereiten. Letzteres wird leider nur selten als solches erkannt.
Uns Hundebesitzern ist es bekannt, dass unsere vierbeinigen Freunde sehr wohl viel von unserem menschlichen sozialen Umfeld, unseren Problemen und Alltagssorgen mitbekommen und darauf reagieren. Sie leben zwar immer im Hier und Jetzt, aber sie sind fühlende Wesen.
Mancher Hundetypus ist da eher etwas »abgeschirmt« oder stoisch und macht vielleicht lieber sein eigenes Ding, ein anderer Typ Hund reagiert hingegen empfindlich darauf, da er mitbekommt, dass etwas nicht in Ordnung ist, weil der Alltag ihm zu laut und hektisch ist und er eigentlich viel mehr Wert auf Routine und Ruhe legt. Vielleicht ist er auch im Rudel an einer für ihn ungemütlichen Position. Denn nicht immer hat der Rangniedere das Nachsehen, mancher fühlt sich dort wohl und sicher, gar beschützt. Es kann auch die ranghohe Position sein, die Unbehagen auslöst und Stress macht, denn manch ein Rudelführer ist es ohne Absicht und eigenen Willen, er führt diese Position aus, weil es sonst keiner tut. Dieser negative Stress, der einmal von außen, aber auch von innen heraus kommen kann (hier sind wir bei den verschiedenen Typen, ihren Charaktereigenschaften und der innewohnenden Stärke), verursacht auf Dauer zu Tage tretende Krankheiten und Schwächen, die nicht oder nicht immer mit der auslösenden Situation in Verbindung gebracht werden (können).
Das sind nur ein paar wenige Beispiele, warum auch die Psyche des Hundes leiden und der Körper dadurch krank werden kann.
»Die Sorgen verknoten das Qi« heißt es dann. Das bedeutet: Der Verdauungstrakt funktioniert nicht richtig, die Verspannungen der Muskulatur nehmen zu oder das »überschießende Yang« macht Probleme, was sich in einem epileptischen Anfall, dem stark juckenden roten Ausschlag oder der fies riechenden erbrochenen Magen- oder Gallensäure zeigt.

Die acht Leitkriterien der TCVM

Es gibt in der TCVM eine Einteilung der Kriterien, die zu Problemen führen können. Kennt man diese, wird man

- die Themen des Buches besser verstehen können.
- leicht und passend das unterstützende Futter aussuchen können.
- die individuellen Akupressur-Punkte zusammenstellen können.
- Krankheiten besser einschätzen können.

Yin und Yang:

- Yin-Syndrom: kälteempfindlich, blasse Schleimhäute, Feuchtigkeitsüberschuss,

viel blasser Urin, langsamer Stoffwechsel
- Yang-Syndrom: Fieber, hitzeempfindlich bzw. starkes Hecheln, Trockenheit, wenig dunkler Urin, starker Geruch, rote Schleimhäute, viel Durst, schneller Stoffwechsel

Mangel oder Leere und Fülle:
Mangelzustand: ruhig bis apathisch, wenig und oft schlaffe Muskulatur, Organprolaps, leise Stimme, Druck (Anfassen und Streicheln) verbessert und lindert, dünne blanke Zunge
Fülle-Zustand: kraftvoll bis hektisch, viel Muskulatur, dicke Zunge mit viel Belag, laute Stimme, Druck (Massage und Streicheln) wird nicht geduldet.

Kälte und Hitze:
Kältesyndrome entsprechen dem Yin-Charakter, sind aber nicht so allgemein zu sehen, sondern oft auf ein Organ bezogen. Das kann die verkühlte Blase sein oder die verhärtete Muskulatur. Auch die Arthrose, die chronische Form der akuten Gelenkentzündung, entspricht einer Kälte-Krankheit. Hitzesyndrome entsprechen dem Yang-Charakter und sind ebenfalls meist organspezifisch, wie die Magenschleimhaut- und Zahnfleischentzündung oder rote Hautstellen, die entzündet sind. Also Gastritis, Stomatitis, Dermatitis usw. Die meisten Erkrankungen, die auf »-itis« enden, betreffen in der TCM den krankmachenden Faktor Hitze.

Innen und außen:
Hier geht es um sogenannte »pathogene Faktoren« wie Kälte, Wind, Trockenheit oder Hitze, die die Oberfläche (Haut), also das Äußere, angreifen. Das reicht von Sonnenstich über Kälteeinwirkung bis hin zu Verspannungen (»Der hat Zug abbekommen« – Windzug) oder Trockenheit, die die Lunge angreift. Kann sich die obere Schicht, also das Außen, nicht genug gegen den eingedrungen pathogenen Faktor wehren, erreicht die Krankheit tiefere Schichten und kann von der akuten (äußeren) Schicht in die chronische (innere) Schicht gelangen. Dies bedeutet oft eine erschwerte Heilung und einen längeren Prozess der Genesung. Eine Antibiose zum Beispiel, die von außen gegeben wird und auf das Innere wirkt, kühlt den Körper und kann befeuchtend wirken. Das ist bei Entzündungen meist gut, kann aber manches Symptom verschlimmern.

So viel nun zu den einfachen Grundlagen und Begriffen, ich hoffe, ich habe Sie nicht verwirrt oder gar gelangweilt. Mir war es wichtig, Ihnen ein paar Einblicke zu gewähren und vielleicht Ihre Neugier zu wecken, diese, wie ich finde, spannende und interessante Sicht der traditionellen chinesischen Medizin kennenlernen zu wollen. In meiner Ausbildung zur TCVM-Therapeutin habe ich auch viel für mich selber mitnehmen können. Viele Aha-Momente gab es da und dieses tiefe Verständnis für die Zusammenhänge zwischen der Natur und der Lebenskraft sowie der immer wiederkehrenden Abläufe und Abhängigkeiten voneinander haben mich sehr fasziniert. Vielleicht geht es Ihnen ja ähnlich beim Lesen des Buches. Ich bin gespannt.

2. DIE LEHRE DER 5 WANDLUNGSPHASEN

Die 5 Funktionskreise

Jedes Lebewesen durchläuft während seines Lebens viele Phasen, seien es die verschiedenen Abschnitte des Kindseins ab der Geburt, der Jugend, des Erwachsenenseins, der Wechseljahre, das Rentnerdaseins und des hohen Alters mit dem Tod, oder man denke auch an die sich jährlich wiederholenden Jahreszeiten, bis hin zu den einzelnen Tageszeiten und der Nacht.
Alles unterliegt einem Rhythmus, der nicht aufzuhalten ist und der sich wie ein Kreislauf wieder schließt. Immerfort.
Die chinesische Medizin hat ein tiefes Verständnis von den Zyklen der Natur und sieht diese auch in jedem Lebewesen. So erklärt sie auch die Zusammenhänge von Wachstum, Harmonie und Krankheit, wenn diese ins Stocken geraten, wenn die Elemente nicht in harmonischer Koexistenz zueinanderstehen. Da die einzelne Phase von der vorherigen Phase gestärkt wurde, quasi aus ihr heraus entstanden ist, erklärt sich die Abhängigkeit voneinander. Schwächelt eine einzige im Zyklus, werden die darauffolgenden das Leid davontragen.
Jedes Element, also jede Phase, hat ihren eigenen Charakter, ihre eigene Aufgabe im Zyklus. Sie funktioniert wie ein Zahnrad im System.
Dieses Zahnrad mit den eigens innewohnenden Wesenszügen symbolisiert die Natur und einen Lebensabschnitt, eine Jahreszeit und damit bestimmte Merkmale. Nur im Zusammenhang kommt es zu einem funktionierenden Leben. Jedes Lebewesen beinhaltet damit alle Elemente in sich, eines jedoch ist seine Stärke, sein Schwerpunkt, sein eigenes Charakteristikum.

Die chinesische Medizin hat diese Zyklen auf den menschlichen Körper übertragen, um sich die Vorgänge, wie Stoffwechsel, Entstehung von Krankheiten und auch den Tod, zu erklären. Wir erinnern uns, diese Medizin ist ca. 4000 Jahre alt und war vielleicht unwissenschaftlich, aber eine Erfahrungs- und Beobachtungsmedizin, die über die Jahre gewachsen und vervollständigt wurde.
Die Elemente entsprechen den Zyklen, den Wandlungen des dynamischen Lebensprozesses und beinhalten jeweils einen Yin- und einen Yang-Partner zum Ausgleich.

Goldie und Lucky Luke, wie Yin und Yang.

Die fünf Wandlungsphasen oder Elemente sind aus der Natur abgeleitet und spiegeln die Jahreszeiten mit dem Körper eines Lebewesens. Es gibt jeweils Zuordnungen, wie Gerüche, Geschmäcker, Sinnesorgane, Tageszeiten und Emotionen, letztere unterteilt in gut und schlecht, wobei es wertungsfrei bleibt und die Wandlungen des Charakters oder Geistes meint.
Jedes Lebewesen durchläuft sämtliche Element im Laufe des Lebens, jedes Element steht für einen Lebensabschnitt. Diese Emotionen können einerseits durch Störungen im Funktionskreis herrühren, sie können aber auch Erkrankungen des betreffenden Organs verursachen. Eine gestörte Leberfunktion geht oft mit Wut einher, lang bestehende Ängste schwächen die Nieren und damit die Lebenskraft. Genauso kann »sich Sorgen machen« auf den Magen schlagen. Kennen wir alle, oder?

Der Zyklus der Wandlungsphasen

Der Baum spendet Holz für das Feuer, das Feuer bringt brauchbare Erde hervor, die Erde birgt das Metall, das Metall (Mineralien etc.) reichert das Wasser an und das Wasser nährt den Baum. Diese Darstellung nennt man auch Hervorbringungszyklus.

Mit den Jahreszeiten konnten die Chinesen die im Wandel befindlichen Vorgänge im Körper eines Lebewesens erklären, die Natur war stets ihr Vorbild.

Das Element Holz, die Zeit des Frühlings

Alles beginnt zu wachsen, alles wird grün, das Leben ist im Aufbruch, erfährt Expansion. Alles fließt und der Tatendrang ist groß, es ist die Zeit der Kindheit und Jugend. Alles Gespeicherte wird freigegeben und darf gedeihen, die Lebenskraft ist zu dieser Zeit am größten. Jedem Element wird ein Organpaar zugeordnet, das den Kreislauf des funktionierenden Lebens mitbestimmt, immer ein Yin-Organ, das speichert, und ein Yang-Organ, welches meistens hohl ist und sich bewegt oder zusammenzieht und Flüssigkeiten abgibt. Hier sind es passenderweise, wenn man die Farbe und die Versorgungsleistung mitbedenkt, die Leber und die Gallenblase. Dazu gehören auch jeweils passende Körpergewebe, ein Sinnesorgan, die Geschmäcker, Gerüche, Tageszeiten und Emotionen. Zu dem sogenannten Funktionskreis Leber/ Galle, also dem Holz-Element, gehören demnach auch der saure Geschmack, der ranzige Geruch, die Sehnen, Bänder und Nägel (beim Hund natürlich die Krallen) und die Augen, die Wut und der Ärger im Schlimmen, der Mut und die Entschlossenheit im Guten und die Zeit von 1 bis 3 Uhr nachts für die Leber und von 23 bis 1 Uhr für die Gallenblase. Als typische Lautäußerung zu diesem Organpaar zählt hier das Schreien. Auch ein schädigender Einfluss gehört

zu jedem Element, bei dem Holz-Element ist es der Wind. Frühjahrswinde verteilen hervorragend die Blütenpollen, die Allergie (übrigens in der TCM eine Leber-Disharmonie) ist hier am schlimmsten und wird auch »Wind-Krankheit« genannt. Auch der steife Nacken, eine Lähmung oder der Schlaganfall gehören hierzu, letzterer heißt im Englischen z. B. auch »Wind-stroke«.

Das Element Feuer, die Zeit des Sommers

Alles reift heran, es ist warm, teilweise heiß, alles blüht und in allem steckt die Energie, um das Bestmögliche herauszuholen. Es ist die Zeit des Erwachsenseins, dem Höhepunkt des Lebens, Kinder werden geboren, Häuser gekauft, Karriere gemacht, das Feuer brennt lichterloh.
Für den Hund gilt es gleichermaßen: Die Leistungsbereitschaft ist am stärksten, es sind die besten und gesündesten Jahre. Das Yang ist in Hochform. Das dazugehörige Organpaar ist das Herz und der Dünndarm, die Farbe ist rot, der Geschmack ist bitter, der Geruch verbrannt, das Gewebe sind die Gefäße und es spiegelt sich im Gesicht und auf der Zunge. Die Emotionen sind im Guten die Freude und der Eifer und im Schlechten die Überfreude, die Überreizung. Als Lautäußerung gilt hier das Lachen. Das Lebewesen ist wachsam, bewegt sich harmonisch bis hektisch. Die Augen glänzen.
Das Herz gilt in der Chinesischen Medizin als der Kaiser, hier wird die große Aufgabe dieses Organs sichtbar, aber auch der Dünndarm hat, laut dem »Su Wen«, der Schrift der TCM, eine zentrale Rolle und die Aufgabe, »das Klare vom Trüben zu trennen«. Damit gemeint sind die Verdauungssäfte und die Entscheidungsfähigkeit.

Der schädigende äußere Einfluss ist hier die Hitze, die auch innerlich als Überhitzung auftreten kann. Damit sind einmal der Körper und einmal das Gemüt gemeint. Hitzschlag oder weniger dramatisch Überhitzung des Körpers und überhitztes Temperament treten auf. Das Feuer (Yang) kann dann unkontrollierbar werden und sich überschlagen, wenn der Körper nicht ausreichend kühlende Flüssigkeiten (Yin) besitzt.
Die Uhrzeit des Feuer-Elements: Herz von 11 bis 13 Uhr und Dünndarm von 13 bis 15 Uhr.

Das Element Erde, die Zeit des Spätsommers

Es ist die Zeit der Fülle. Volle Kornkammern, reife, satte und saftige Früchte, es wird milder und der Regen setzt wieder öfter ein. Alles an Energie, die investiert wurde, hat Früchte getragen, der Lohn des Fleißes.
Es wird wieder ruhiger, das Lebewesen zentriert sich, die Ressourcen werden eingelagert, der Wandel des Lebens ist deutlich zu spüren. Für uns Menschen ist es mit der Phase der Wechseljahre zu vergleichen, die Kinder sind groß, das Haus abbezahlt, das Gemüt wird sanfter. Für unsere vierbeinigen

Freunde gilt Ähnliches: Der Übereifer schwindet, Besonnenheit zeigt sich, spätestens jetzt ist das Mensch-Hund-Team eingespielt und Tier und Menschen können sich aufeinander verlassen. Stimmkommandos sitzen und das Gefühl der innigen, tiefen Bindung wächst noch mehr. Dieses konstante und ruhige Gefühl ist ähnlich dem Gefühl »in der eigenen Mitte« zu sein. Auf manchen Abbildungen der Wandlungsphasen wird die Erde auch in der Mitte abgebildet, mit Verbindung zu jedem Element, da sie als zentrale Mitte dargestellt werden soll. Tatsächlich ist zu beobachten, dass die Zeit der Magen-Darm-Erkrankungen oft zu den Jahreszeitenwechseln auftritt als Zeichen einer Schwäche des Erd-Elementes.
Die dem Element Erde entsprechenden Organe sind die Milz und der Magen, unsere Mitte, das Zentrum im Verdauungsapparat. Der Geschmack ist süß, der Geruch angenehm, fast süßlich, die Farbe ist Gelb, das Gewebe ist das Fleisch (auch die Menge und Form) und die Erde zeigt sich im Mund und an den Lippen. Die Lautäußerung ist das Singen.
Die Emotion der Erde im Guten sind Zufriedenheit, Ruhe und Mitgefühl, im Schlechten ist es die Sorge und das Grübeln. Wer kennt es nicht, wenn einem die Sorgen auf den Magen schlagen, davor sind auch unsere Hunde nicht geschützt.
Die Tageszeit ist der Vormittag: Magen von 7 bis 9 Uhr und Milz 9 bis 11 Uhr. Das ist die Zeit, in der am reichhaltigsten gefrühstückt werden sollte, da hier die Verdauungsleistung am Größten ist.
Der schädigende Einfluss ist bei der Milz die Feuchtigkeit und beim Magen die Trockenheit. Der Magen benötigt die Feuchtigkeit, »er liebt es nass« heißt es im Gelben Kaiser, der wichtigsten Schrift der chinesischen Medizin, um die Nahrung einzuweichen und gut weiterleiten zu können. Die Milz hingegen mag es warm und trocken, ist hier ein Zuviel an Nässe vorhanden, kommt es zu Durchfall und Verdauungsschwäche.

Das Element Metall, die Zeit des Herbstes

Die beginnende Ruhe der Erde wird hier deutlicher, die Kräfte ziehen sich zurück, Reinheit und Klarheit machen sich breit. Das Leben wird angenommen und man bereitet sich auf das Loslassen vor. Es ist die Zeit des Rentnerdaseins, die Leistungsbereitschaft ist geringer, dafür ist die Lebenserfahrung hier deutlich im Vorteil. Die Blätter fallen leise vom Baum, das Leben zieht sich langsam zurück. Annehmen und Loslassen sind genauso der Rhythmus dieses Elementes, wie der gleichmäßige Atem und der regelmäßige Stuhlgang, denn die zugeordneten Organe sind Lunge und Dickdarm. Dieser Funktionskreis legt viel Wert auf Routine. Die Farbe des Elementes Metall ist weiß bis hellgrau, der Geschmack scharf, der Geruch verrottet. Das dazugehörige Gewebe ist die Haut. Das Metall-Element zeigt sich in der Ausstrahlung und Gesundheit der Haut sowie der Körperbehaarung. Auch das Immunsystem ist hier verankert. Man weiß längst, dass die Darmgesundheit entscheidend für die Immunabwehr ist. Auch die Haut als unser größtes Organ hat eine Abgrenzungsfunktion zu unserem Inneren und schützt uns. In der TCM heißt das Immunsystem »Wei-Qi« und soll zwischen Haut und Muskulatur sitzen. Es stärkt sich aus dem Darm heraus. Anmerkung der Autorin: Depressionen sollen von einer schlechten Darmflora und chronischen Entzündungen der Darmschleimhaut mit verursacht werden, sagt sogar die Schulmedizin, daher ist die passende Lautäußerung das Weinen. So erklären sich auch die dazugehörigen Emotionen zu diesem Element: Im Guten die Weisheit und Klarheit, im Schlechten der Kummer und die fehlende oder falsche Abgrenzung. Die Farbe der Trauer ist in China Weiß. Die Stimme wird bei schwacher Metall-Energie immer leiser. Der schädigende Einfluss ist die Trockenheit. Der Funktionskreis Lunge/Dickdarm benötigt stets eine gute Befeuchtung der Schleimhäute, um seinen Aufgaben nachgehen zu können. Die Zeiten des Metalls im Tagesverlauf sind: Lunge: 3 bis 5 Uhr morgens und Dickdarm: 5 bis 7 Uhr morgens.

Das Element Wasser, die Zeit des Winters

Es ist kalt geworden, sehr kalt. Die Winterkälte verlangsamt alle Bewegungen, kann manches zum Erstarren bringen. Die Zeit der Ruhe kann das Ende bedeuten, aber es birgt auch stets einen Neuanfang in sich. Das Wasser-Element hat den Bezug zur Niere und Blase und wird auch als »Wurzel des Lebens« bezeichnet. Man sagt, in der Niere sitze die vererbte Lebenskraft, die Lebensenergie (Lebensfeuer genannt), mit der der Organismus Zeit seines Lebens haushalten und sorgsam umgehen sollte. In der TCVM wird oft von »Essenz« gesprochen, sie ist für Fortpflanzung, Geburt, Wachstum und Entwicklung, aber auch für den Lebensabend und den Tod zuständig. Das Yin ist hier am Größten. Auch der Flüssigkeitshaushalt wird der Niere und Blase zugeordnet, außerdem ist sie mit ihrem Lebensfeuer für die innere Wärme und die Verdauungsenergie, aber auch für die nötige Kühlung bei Überhitzung, zum Beispiel des Herzens, beauftragt. Man sagt, die Niere vereint das Yin und das Yang. Die Farbe des Elements ist blau bis tiefschwarz, der Geruch ist modrig, der Geschmack salzig, das dazugehörige Gewebe des Körpers sind die Knochen und Zähne, die Öffner sind die Ohren. Die Emotionen des Wasser-Elementes sind einerseits die Willensstärke und andererseits die Angst. Die Lautäußerung ist das Stöhnen. Der schädigende pathogene Faktor (krankmachender Einfluss) ist die Kälte, die zur großen Gefahr wird, sobald dem Körper nicht ausreichend Energie zur Verfügung steht und er nicht mit innerer Wärme gegensteuern kann. Jeder kennt Rücken- und Nierenwärmer, die verkühlte Blase oder die Kälteempfindlichkeit bei Schwäche oder im Alter. Kälte kann, wie auch alle anderen schädigenden Faktoren, wenn das Lebensfeuer geringer wird, sowohl von außen eindringen, als auch im Inneren entstehen. Die Zeit der Wasserenergie auf der Organuhr von der Blase ist von 15 bis 17 Uhr und der Niere von 17 bis 19 Uhr.

3. DIAGNOSE

in der traditionellen chinesischen Medizin

Pulstastung

In der traditionellen chinesischen Medizin gibt es einige Möglichkeiten, um Disharmonien und beginnende Krankheiten frühzeitig zu erkennen – die Pulstastung an den Handgelenk-Innenflächen und die Sicht auf die Zunge. Der Schulmediziner misst meist lediglich die Pulsfrequenz und den Blutdruck. Der klassische TCM-Therapeut fühlt außerdem die sogenannten Pulsqualitäten an den drei Pulsstellen, die sich am Handgelenk jeweils rechts und links befinden. Der TCM-Therapeut legt seine Hand auf die Arterie und fühlt mit Zeige-, Mittel- und Ringfinger den Puls des Patienten und kann bestimmte Organe den einzelnen Pulstaststellen zuordnen.
Anhand der Qualität des Pulses kann der Therapeut den Gesundheitszustand der zugeordneten Organe ertasten. Es gibt insgesamt 28 verschiedene Pulsqualitäten, in diesem Buch werden einige wichtige kurz erklärt, die meiner Einschätzung nach gut für den Anfänger zu unterscheiden sind.

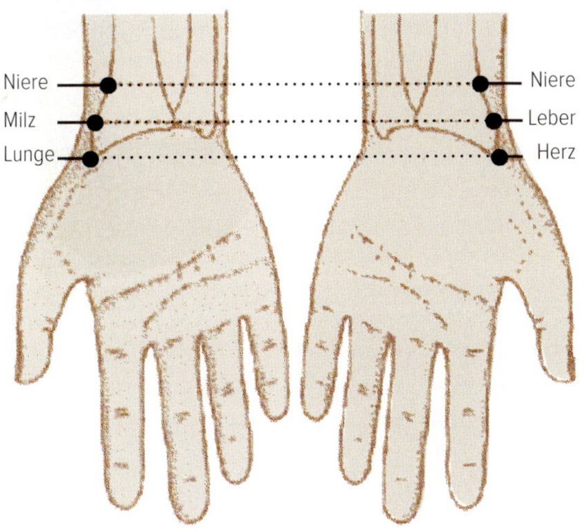

Zudem ist der Puls je nach Alter verändert, auch die Trächtigkeit oder die vorher geleistete Bewegung haben einen großen Einfluss auf den Puls.
Beim Hund wird der Puls an der Arteria femoralis (Oberschenkel-Arterie) getastet, ebenfalls mit den drei Fingern jeweils rechts und links.

Arteria femoralis

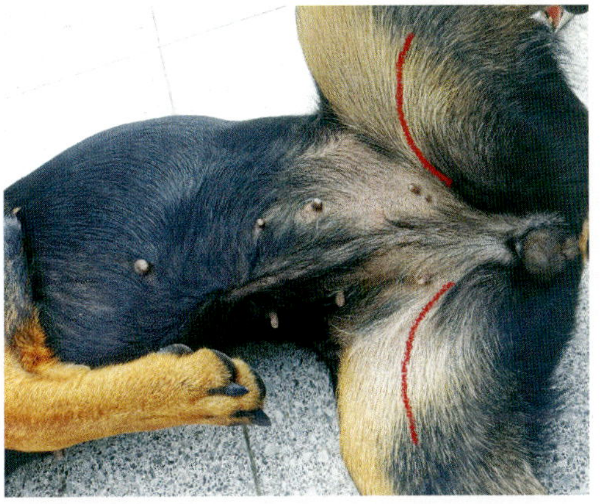

Pulstastung

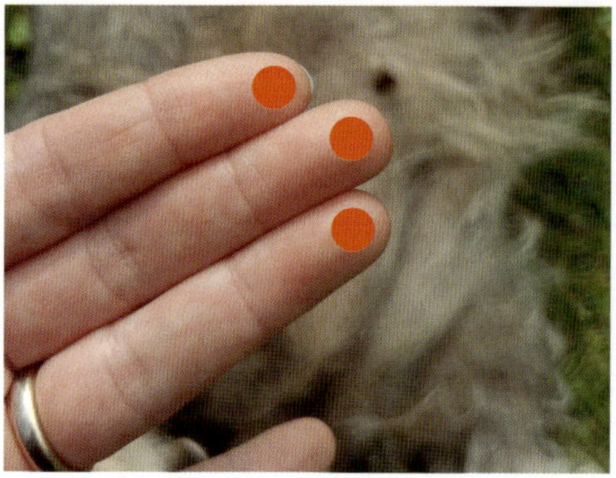

3-Finger-Methode

Man tastet an einer Seite mit drei Fingern, da es in der professionellen chinesischen Diagnostik mehrere Pulstaststellen gibt, an denen der Gesundheitszustand der jeweiligen Wandlungsphasen/Organe erfühlt werden kann. Dies ist kompliziert und für einen Laien kaum tastbar oder verständlich, weswegen ich auf weitere Erklärungen verzichte. Wer sich gerne eingehender mit der Pulstastung oder anderen Diagnostikmethoden beschäftigen möchte, dem wird am Ende des Buches Literatur empfohlen. Dennoch werden alle drei Finger benutzt, so kann die Stärke oder die Qualität des Pulses besser erfühlt werden.

Pulsqualitäten

Schneller Puls: Der Normalwert liegt zwischen 70 bis 110 Schlägen pro Minute, je nach Größe (kleinere Hunde haben einen schnelleren Puls als große). Liegt die Pulsfrequenz darüber, so kann das mit eben verrichteter Bewegung oder Stress durch die Untersuchung zu tun haben. Es zeigt aber auch nach der TCVM-Diagnostik einen Hitze-Überschuss an. Kann man diesen schnellen Puls leicht ertasten und ist er an der Oberfläche fühlbar, dann ist die Hitze sehr stark und der Organismus »voll«, das Yang ist im Überschuss. Kann man den schnellen Puls erst durch Drücken, also in der Tiefe ertasten, dann ist der Organismus dabei zusätzlich zu der Hitze noch sehr erschöpft (Qi- oder Yin-Mangel).

Langsamer Puls: Dieser Puls zeigt Kälte an. Auch hier gilt: Langsam und schon in der Oberfläche tastbar, dann ist die Kälte sehr stark. Ist der Puls nur durch tiefes oder festeres Tasten auffindbar bedeutet dies, dass zu der Kälte noch die Erschöpfung (Yang-Mangel) kommt.

Saitenförmiger Puls: Dieser Puls fühlt sich an wie die dünne, harte und gespannte Saite einer Gitarre, als ob man sie zupfen könnte. Dieser Puls ist kein gutes Zeichen. Er zeigt entweder Leber-Disharmonien an, die nicht nur die Leber an sich, sondern auch den Funktionskreis Leber betreffen können (also Windkrankheiten wie Allergien oder Augenentzündungen), er kann aber auch generell Schmerzen anzeigen. Ein weiterer Hinweis wäre das Vorhandensein von »Schleim«. Damit ist nicht nur der Hustenschleim gemeint, sondern in der TCM ist er ein Synonym für verdickte Flüssigkeitsansammlungen. Das können dann sowohl Lipome sein, aber auch verdicktes Blut oder andere Körperflüssigkeiten, die die Funktion des freien Flusses der Jin Ye (Körperflüssigkeiten) behindern, zu denen auch die Gelenkflüssigkeiten oder die Lymphe zählen. Dies kann dann zu Taubheit, Unterfunktionen von Organen, Gallen- oder Harnsteinen,

Schwindel, Atemnot oder rheumaähnlichen Schmerzen und Bewegungsstörungen wie Arthrose führen. Auch Atemnot mit Unruhe, Herzschwäche und Angst oder Verrücktheit kann Schleim anzeigen.

Schlüpfriger Puls: Fühlt sich weich und abgerundet an, rutscht unter dem Finger hin und her, beinahe wie eine gebutterte Spaghetti. Hier handelt es sich um einen Feuchtigkeitsüberschuss im Körper, der mit Verdauungsschwäche durch Qi-Mangel einhergehen kann, aber auch Nahrungsstagnationen sind hier möglich. Die Trächtigkeit macht übrigens auch den Puls schlüpfrig. Es gibt noch viele andere Pulsqualitäten: überflutend (Nässe-Fülle), dünn (wenig Substanz), hart (Schmerzen), lang, zerfließend usw. Wer mehr erfahren möchte, findet am Ende des Buches informative Lektüre zur Vertiefung der einzelnen Bereiche.

Zungendiagnostik

Die Betrachtung der Zunge ist in der TCM von großer Bedeutung und bemerkenswert zuverlässig. Also öfter mal genau hinschauen – das gilt für Tier und Mensch gleichermaßen.
Verschiedene Areale auf der Zunge weisen je nach Beschaffenheit auf Disharmonien hin. Die Areale auf der Zunge verteilen sich wie folgt:

Zungenwurzel:	Nierenbereich
Zungenränder:	Leber- und Gallenblasenbereich
Zungenmitte:	Milz- und Magenbereich
Mittig, vorne:	Lungenbereich
Zungenspitze:	Herzbereich

Wie von einem Spiegelbild kann man den energetischen und gesundheitlichen Zustand des Hundes von seiner Zunge ablesen. Das Zungenbild kann sich auch verändern, je nach Jahreszeit und körperlicher Betätigung. Wie deutlich sich dieses dann aber auf der Zunge spiegelt, ist ebenfalls ein Hinweis.
Achten Sie auf die Lichtverhältnisse bei der Zungenbetrachtung, Tageslicht hat sich am besten bewährt.
Hunde finden es meist suboptimal, wenn man ihnen das Maul öffnet. Einzig den Milz-Typ scheint das weniger zu stören.
Bitte fassen Sie die Zunge nicht an, das verfälscht das Ergebnis oft. Warten Sie einfach das Hecheln ab, da kann man dann in Ruhe die Zunge begutachten.

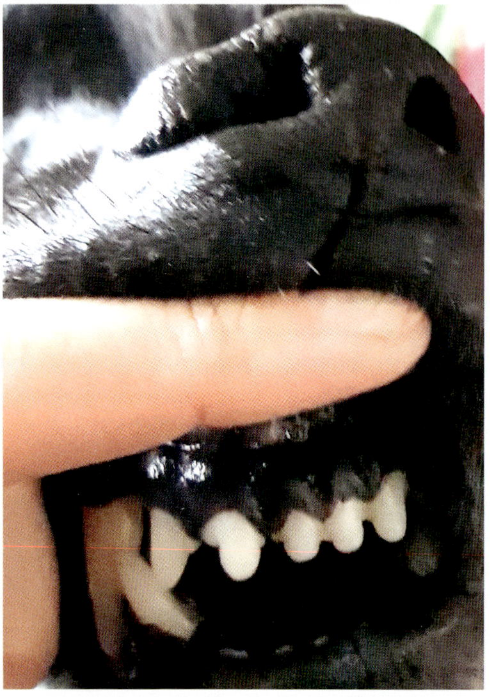

Schwarz pigmentiertes Zahnfleisch, hier ist eine Diagnostik der Schleimhaut schwierig. Bei diesem Hund dann besonders auf die Zunge und die Augenlider achten.

Der Professor (»Hope« heißt er eigentlich) hat eine gesunde Zunge, die vielleicht nur etwas zu blass ist.

Bei stark pigmentierten Hunden wird das schwierig, da auf dem Zahnfleisch und manchmal auch auf der Zunge dunkle Flecken erkennbar sind. Das ist völlig normal. Auch die blaue Zunge eines Chow-Chows ist nicht pathologisch.

Blasse Zunge: zeigt generell Kälte an, also einen Yang-Mangel, der auch oft mit viel Feuchtigkeit, also Sabber und inneren Flüssigkeiten einhergeht. Eine blasse und sehr trockene Zunge, die beinahe gräulich erscheint, kann auf einen Blutmangel hinweisen.

Blut, im Chinesischen XUE, steht hier für das Blut im herkömmlichen Sinne, ist aber auch ein Synonym für Substanz oder Grundstoff im Körper. Ein Mangel macht Schleimhäute gräulich, Krallen rissig und kann zu Hormonproblemen, Juckreiz, Haarausfall, Schuppen, Unruhe, Sehnenproblemen, Schwindel oder Verspannungen und Muskelschmerzen führen. Ein Organismus ist nur dann mit ausreichend XUE versorgt, wenn »die Mitte und das Herz in Ordnung sind und die Leber nicht verärgert«, sagt der Gelbe Kaiser. (Das Grundlagenwerk der traditionellen chinesischen Medizin, die älteste schriftliche Quelle, die den größten Wissensschatz beinhaltet.) Nur dann sind die Grundsubstanz, das Yin, und auch das Qi im Reinen und der Körper steht im vollen Saft.

Rote Zunge: soll heißen »zu rot«, denn eine gewisse Röte ist schließlich gesund. Also

Olga zeigt die typische rote Zunge eines Herz-Typen mit Hitze-Zeichen.

Hier sieht man die rissige und dünne Zunge von Yana, was auf Trockenheit hinweist.

»zu rot« bedeutet Hitze. Das kann die ganze Zunge betreffen, aber genauso auch nur die Spitze oder die Ränder. Sollte nur der Rand rötlicher sein, kann das laut Schema eine Leber-Hitze oder Hitze in der Gallenblase sein. Betrifft die Röte nur die Zungenspitze, leidet das Herz unter Hitze und damit unter einem Yin-Mangel, der behandelt werden sollte.

Violette Zunge: immer ein ungesundes Zeichen! Es zeigt eine Blut-Stagnation an, wenn es ins Bläuliche geht, was immer mit Schmerzen verbunden ist. Es kann auch ein Hinweis auf eine Überhitzung sein, wenn es ins Rötliche geht. Stagnationen des Blutes kann auf Knoten im Gewebe hindeuten, auch zum Beispiel auf Tumore.

Geschwollene Zunge: Hier ist es zu einer Feuchtigkeitsansammlung gekommen oder auch zu einer Schleimbildung im Sinne der Schulmedizin und der TCM mit allen Erscheinungen. Es kann die ganze Zunge betroffen sein, meist sind es allerdings nur bestimmte Areale oder die Ränder. Hier hat die Leber Stress, zeigt sich überlastet, und es ist zu einer Verdauungsschwäche gekommen. Ist der mittlere bis vordere Teil verdickt, kann die Lunge mit Schleim belastet sein. Ganz schlimm steht es um die überschüssige Feuchtigkeit, wenn es sogar zu Zahneindrücken auf der Zunge gekommen ist.

Rissige Zunge: Starke Trockenheit herrscht vor, wenn die Risse über dem ganzen Zungenkörper verteilt sind. Gibt es einen Riss bzw. eine Einkerbung an der Spitze, zeigt das Herz einen Yin-Mangel und allgemeine Schwäche an. Der Magen-Riss in der Mitte der Zunge zeigt einen Yin- Mangel im

Magen an, hier fehlt es an Feuchtigkeit und oft unzureichender Verdauung.

Zitternde Zunge: Verdauungsschwäche und Übelkeit

Steife Zunge: Windkrankheit oder Stagnation (Lähmung oder heftige Blockaden)

Ein Hinweis zum Zungenbelag: Der Zungenbelag sagt viel über die Qualität der Feuchtigkeit im Magen aus, kann aber auch eine andere Bedeutung haben. Ein dünner, heller Zungenbelag ist normal und erwünscht. Wenn der Belag aber gelblich ist, deutet dies auf Hitze hin, besonders Magen und Galle sind davon betroffen. Ist der Belag reichlich, hell und vielleicht etwas klebrig, haben wir ein Kälte- und Feuchtigkeitsproblem mit beginnender Schleimbildung. Sollte der Belag schwärzlich erscheinen, dann haben wir entweder extreme Hitze oder extreme Kälte, die dringend behandelt werden sollte. Wenn Ihr Hund aber erst kürzlich Löwenzahn gefressen oder Sirup davon im Futter gehabt haben sollte, dann können Sie getrost durchatmen und einfach in ein paar Stunden erneut nachschauen. Löwenzahn färbt bei Hund und Pferd die Zunge schwarz.
Fehlt der Belag gänzlich, dann ist dies ein Zeichen für einen Yin-Mangel mit Hitze im Magen und der Niere.

Organuhr

Wir haben bereits einiges über die fünf Wandlungsphasen und die Jahreszeiten mit ihren Zuordnungen erfahren, wissen von den sich wiederholenden Rhythmen, die den Organpaaren entsprechen, und mit deren Zyklen die Elemente zu einer gesamten Ordnung finden.
Ein Lebewesen sollte generell mit seinen Kräften haushalten, was aber einem verspielten Junghund nur schwer begreiflich zu machen ist. Dennoch gilt auch hier: Es ist gesünder, seine Lebensweise dem Wechsel der Jahreszeiten anzupassen.
Im Frühling darf man raus, man darf wild sein. Der eigene Tatendrang und die Lebenskraft scheinen endlos. In der Hitze des Sommers sollte man in der Mittagszeit körperliche Anstrengungen vermeiden, um nicht den Verlust der gesunden Säfte zu riskieren. Im Spätsommer und Herbst kann man dann genießen und besonnen von den Früchten leben. Im Winter kommt man schließlich zur Ruhe und sammelt Kräfte, um im Frühjahr wieder neu durchstarten zu können.
Im Tagesablauf spiegelt sich genau dieses wider.
Der Bezug zur Organuhr zeigt Disharmonien im Körper an, welche uns frühzeitig Aufschluss über diverse Dysbalancen geben können. Die Energie, das Qi, fließt die ganze Zeit durch den kompletten Körper, genauso wie die Flüssigkeiten und das Blut, aber zu manchen Uhrzeiten ist im Organ-Umlauf die Energieversorgung am größten. Zu dieser Uhrzeit ist das Organ am stärksten und seine Leistungsfähigkeit voll da. Das Qi ist gesammelt vorhanden. Genau 12 Stunden später ist im 24-Stunden-Rhythmus der Organuhr die Energie im Funktionskreis schwach, das Organ hat hier am wenigsten Kraft.

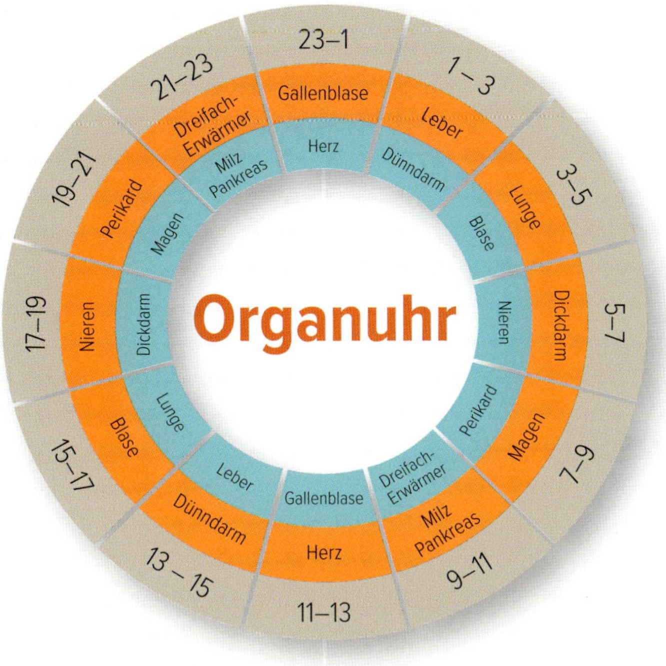

Die Organuhr. Orange: Zeit der größten Kraft des Organs.
Hellblau: Zeit der größten Schwäche des Organs.

Anmerkung zum Perikard und dem Dreifach-Erwärmer, ein Organpaar, auf das bisher noch nicht eingegangen wurde, welches aber in der Organuhr im Tagesumlauf auftritt. Perikard und Dreifach-Erwärmer gehören mit zum Element Feuer, das Perikard ist der Herzbeutel, der sogenannte Herzbeschützer, und der Dreifach-Erwärmer hat viel mit dem Wasserhaushalt, dem Lymphsystem und den Hormonen zu tun. Nur so viel: In der Zeit von 19 bis 23 Uhr sind wir gesellig, lieben Gesellschaft, tun was für unser Herz und kuscheln. In der Herzbeschützerzeit sollten wir aufpassen, uns nicht zu sehr belasten und nur wenig essen, da in dieser Zeit die Verdauungsleistung von Magen und Milz am schwächsten ist. Magenschwache Hunde sollten abends nur leicht Verdauliches fressen, da fettiges Futter dem Hund lange im Magen liegt und zu Bauchweh führen kann. Der Blutdruck wird zur Zeit des Dreifach-Erwärmers auch schwächer, der Wärmehaushalt kann schwanken, das Yin aber wird stärker und es ist Zeit für die Nachtruhe.

Der Qi-Umlauf in den Organpaaren

Wie bereits oben beschrieben, fließt und sammelt sich zu diesen Zeiten das Qi und versorgt den Funktionskreis. Es fließt durch die Meridiane (Leitbahnen) und spendet dort Energie, wo sie gerade am meisten benötigt wird.

Um 3 Uhr nachts beginnt die volle Zeit der Lunge, sie geht bis 5 Uhr morgens. Dieser Funktionskreis ist gekennzeichnet von Annehmen und Loslassen, die Nacht wird langsam zum Tag, Melatonin (das Schlafhormon) wird weniger, Adrenalin mehr, der Körper macht sich bereit. Bei dem einen geht das schneller, bei dem anderen langsamer. Der regelmäßige Atem, bei dem Sauerstoff aufgenommen und Kohlendioxid abgegeben wird, ist von Lebewesen steuerbar. Die Lunge ist das einzige Organ, welches vom Willen beeinflusst werden kann. Annehmen und Loslassen bedeutet Wandel, auf den man sich einlassen muss. Das fällt nicht jedem leicht, daher kommt es dann häufig zu einer Lungenschwäche, regelmäßiges Aufwachen gegen 3 oder 4 Uhr nachts könnte darauf hindeuten. Auch Kummer, Substanzmangel, Trockenheit der Schleimhäute oder allgemeine Unruhe sind dafür oft eine Ursache.

Das Element Metall folgt der Erde im Zyklus und häufig ist es ein Problem, nicht in seiner Mitte zu sein, wenn die Lunge daraufhin Schwierigkeiten zeigt. Wenn die Erdung fehlt, sind unschlüssige oder sorgenvolle bis hin zu traurigen Emotionen vorprogrammiert und der Körper zeigt dies in zu frühem Aufwachen. Es kommt häufig auch zu Asthmaanfällen in dieser Zeit, weil der Blutdruck langsam zu steigen beginnt und dies bei Herzschwäche zu erschwertem Atmen auf Grund von Wasseransammlungen in der Lunge führt.

Ab 5 Uhr morgens dann beginnt die Zeit des Dickdarms, dem letzten Abschnitt des Verdauungskanals. Hier werden noch Elektrolyte mobilisiert und Wasser entzogen, bevor der restliche, nicht verdaubare Teil ausgeschieden wird. Die Haupteigenschaft des Metall-Elementes: Annehmen und Loslassen. Chaos, Stress und Kummer behindern diesen Prozess. Wer eine Schwäche des Yang-Partners der Lunge hat, also dem Dickdarm, wird Probleme mit Obstipation (Verstopfung) oder Diarrhoe (Durchfall) haben. Entweder mag man nicht loslassen oder eben nicht annehmen. Selbstverständlich kann dahinter auch ein Ernährungsproblem stecken, wenn etwas von Ihrem Hund nicht vertragen wurde oder er einen ordentlichen Knochen vertilgt hat und nun nicht weiß, wie er ihn wieder loswerden soll. Es geht nicht um Ausnahmen, sondern um Regelmäßigkeiten, die auf Disharmonien hinweisen können.

Da der Darm bekanntermaßen eine Wirkung auf die Haut hat (wir erinnern uns, die Haut und die Körperbehaarung sind das Spiegelbild des Metall-Elements), zeigt sich auch hier der Bezug zu Außenwelt. Die Haut als Abgrenzung und Schutz, als Tor für eindringende Keime, wenn die Abwehr nicht funktioniert: Hier finden wir wieder das Thema Annehmen und Loslassen. Neurodermitis beim Menschen oder atopische Dermatitis (Juckreiz, Schuppen, entzündliche Stellen der Haut, oft ungeklärter Ursache) beim Hund sind ebenso Anzeichen einer Schwäche im Metall-Element und um diese Uhrzeit besonders stark. Von drei bis sieben Uhr morgens ist die Hauptzeit des Juckreizes, ebenso die gleiche Zeit am Nachmittag, wenn das Element seine schwache Phase hat.

Sam hat keine Probleme mit dem »Loslassen«.

Labrador Keks sitzt mit vielsagendem Blick vor seinem Futterschränkchen in der Küche.

Die Darmentleerung morgens ist ebenfalls typisch und spricht, wenn die Ausscheidungen der Norm entsprechen (Nichts wird so gut überwacht wie das Häufchen des Hundes. Hundehalter wissen, was ich meine.), für ein harmonisches und starkes Metall-Element.

Ab sieben Uhr beginnt die Zeit der Erde, der Yang-Partner Magen beginnt, es ist Zeit fürs Frühstück.

Der Magen eines Hundes kann ca. 2,5 Liter fassen (Schäferhundgröße), da er ungemein dehnfähig ist. Der Hund kann also große Mengen auf einmal futtern, vorausgesetzt, er hat keine Schwäche in der Mitte. Morgendliche Übelkeit oder Erbrechen zeigen eine Disharmonie im Element Erde. Entweder kann er etwas nicht verdauen oder irgendetwas lässt ihn nicht verdauen. Das können ein Zuviel oder Zuwenig an Magensäure sein, aber eben auch Stress oder Sorgen.

Die Aktivität des Magens ist am Morgen am aktivsten, daher bietet sich zu dieser Zeit der Verzehr der reichhaltigsten Mahlzeit des Tages an. Ein gesunder Magen steuert die Verdauungsprozesse, da hier schon vieles vorverdaut wird. Fällt das Frühstück aus, ist der beste Zeitpunkt für eine optimale Verdauung verpasst. Ich höre häufig von Patientenbesitzern, dass sie ihre Hunde erst später am Tag füttern. Manchmal mögen die Hunde angeblich so früh auch noch nichts fressen. Hier ist definitiv etwas im Argen, denn ein gesunder Hund hat immer Hunger. Wenn er morgens zur »Optimalzeit« nicht futtern mag, wann dann? Hier ist oft die

Übersäuerung des Magens ein Problem, dem man allerdings nicht mit einem Säureblocker entgegnen sollte, sondern man sollte der Sache auf den Grund gehen.

Es folgt um 9 Uhr die Zeit der Milz (und der Bauchspeicheldrüse/ Pankreas) und der Aufspaltung und Verdauung im Zentrum. Am Vormittag ist die Konzentrationsfähigkeit am größten. Das Denken ist, wie wir wissen, laut TCM eine Fähigkeit der Mitte und funktioniert in dieser Zeit am besten. Hat der Hund nun breiigen Durchfall, Blähungen und Bauchkollern, ist dies ein Zeichen für ein schwaches Erd-Element oder für eine Störung in eben diesem. Auch auftretende Müdigkeit zwischen 9 und 11 am Vormittag mit Schweregefühl spricht dafür. Bei unserem Hund sicher nicht so leicht zu erkennen, er legt sich gerne um diese Zeit noch einmal hin, aber ich dachte, ich erwähne dies einfach mal für uns Menschen.

Ab 11 Uhr beginnt die Feuerzeit, das Herz hat hier seine größte Aktivität. Gegen Mittag ist das Yang am stärksten, das Herz in voller Energie. Es kontrolliert die Blutgefäße, zeigt seine gesunde Energie im Glanz der Augen und verbreitet Freude und liebt Geselligkeit. Zeit fürs Mittagessen. Ob der Hund auch dreimal am Tag eine Mahlzeit erhält, bleibt dahingestellt. Tatsächlich gesünder ist für den Vierbeiner eine zweimalige Fütterung, morgens und abends. Disharmonien zeigen sich um diese Uhrzeit mit Herzschwäche und Leistungseinbußen. Auch Herzinfarkte passieren überwiegend am frühen Mittag.

Ab 13 Uhr ist dann die meiste Energie im Dünndarm, denn das Frühstück hat den Magen verlassen und will im Dünndarm weiterverarbeitet werden. Ziemlich nah am Magenausgang, am Beginn des Zwölffingerdarms, befinden sich die Zuleitungen von Gallenblase und Bauchspeicheldrüse, hier werden Verdauungssäfte dem Nahrungsbrei zugefügt, um die weitere Zerteilung und Verdauung zu ermöglichen. Es wird das Klare vom Trüben getrennt. Brauchbares aufgenommen, Unverwertbares (einige Bestandteile werden erst im Dickdarm resorbiert) weitergegeben. Irritationen der Gallenblase und der Bauchspeicheldrüse wirken hier natürlich mit ein. Sollte es Schwierigkeiten geben, kann z. B. das Fett nur unzureichend verdaut werden. Bauchspeicheldrüsen-insuffiziente Hunde und deren Besitzer wissen dann, was passiert. Graue bis gelbe und schleimbehaftete Fettstühle sehen nicht nur fies aus, sie zeigen auch eine schwere Verdauungsschwäche oder sogar Entzündung der Bauchspeicheldrüse an. Wenn der Hund zum Beispiel an einer chronischen Darmentzündung (IBD – Inflammatory Bowel Desease) leidet, also viele Futterbestandteile nicht verträgt, ihm Allergien zusetzen, die auch die Haut betreffen können, dann hat das durch die Nachbarschaft des Bauchspeicheldrüsenzuflusses eine Wirkung auf den Pankreas. Viele Hunde mit IBD entwickeln im Laufe der Krankheit leider auch hier Probleme. Zurück zur eigentlichen Aufgabe des Dünndarms. In der Mittagspause ist also die Energie auf das Verdauungssystem gerichtet, daher ist sie als solches gar keine schlechte Idee. Der Körper hat bei Ruhe deutlich mehr Energie zur Verfügung, da er nicht die Muskulatur

oder das Gehirn mitversorgen muss.
(Etwas Energie bleibt natürlich auch dort übrig, wäre sonst wirklich ungesund.) Viele kennen das »Mittagstief«, besonders wenn zu reichhaltig gegessen wurde. Allenfalls ein ruhiger besonnener Spaziergang in der Natur zur Verdauung wäre nun angezeigt, gerne mit Begleitung, denn das Feuer-Element mag die Geselligkeit.
Also lieber in einer Pause die Eindrücke des bisherigen Tages verarbeiten, denn das ist auch eine Form von Verdauung (»Gedanken und Geschehnisse erst einmal verdauen«).
Der Geschmack des Feuers ist bitter. Verdauungskräuter sind ebenfalls bitter und regen die Säfte an, wenn Unterstützung vonnöten sein sollte.
Ab dem Nachmittag beginnt die Zeit des Wasser-Elements. Die Blase startet ab 15 Uhr, die Zeit des Yang beginnt zu kippen, das Yin hält langsam Einzug. Dennoch ist die Leistungsfähigkeit nach dem Mittagstief noch einmal sehr hoch, Gesetz den Fall, das Wasser-Element ist gesund.
Die Blase ist hier sehr aktiv, ihre Energie bezieht sich auf »Halten und Abgeben«. Inkontinenz ist zu dieser Zeit und ebenso in der Nacht 12 Stunden später am schlimmsten. Auch ist der Organismus um diese Uhrzeit kälteempfindlich, Rückenschmerzen (der Blasenmeridian verläuft u.a. parallel zu Wirbelsäule) sind hier deutlich wahrnehmbarer oder stärker.

Um 17 Uhr beginnt die Zeit der Niere. Hier geht es weiter mit der Flüssigkeitsumwandlung, der Körper, erhitzt durch das Tagesgeschehen, wird gekühlt. Fehlt diese nötige Körperwärme, dann kommt es in diesem Zeitraum durch das Kühlen zu Müdigkeit und Frieren. Eine schwache Niere zeigt sich in Erschöpfung und innerer Unruhe.
Die Essenz, das Lebensfeuer, ist schwach, wenn die Kräfte über den Tag nicht gereicht haben. Möglich ist aber auch eine Überarbeitung, ein »Nichthaushalten« mit den Energien (Raubbau) oder eine unausgewogene Ernährung.

Von 19 bis 23 Uhr folgt die Zeit des Perikards und des Dreifach-Erwärmers, siehe oben.

Um 23 Uhr startet die Gallenblase. Das Holz-Element ist aktiv. Bei einer Imbalance lässt es einen nicht einschlafen, Unruhe und Unwohlsein machen sich breit. Manche Vierbeiner schmatzen sich regelrecht in den Schlaf, Sodbrennen oder Bauchweh durch Verdauungsschwäche, Gallensteine oder Gallensäuren sind meist die Ursache. Ohrenprobleme zeigen sich hier leider auch besonders schlimm.

Ab 1 Uhr nachts beginnt die Zeit der Leber. Ihre eigentliche Aufgabe ist das Speichern von Blut (aus TCM-Sicht) und das freie Fließen des Qi. Ist die Leber aber verärgert, dann gibt es eine ganze Menge von Dysbalancen, die leider zu nachtschlafender Zeit auftreten: Zunächst einmal das Erwachen und nicht wieder Einschlafen können. Muskelkrämpfe, Tinnitus, Schwindel, trockene Augen mit Augenbrennen, Juckreiz bis hin zu Bluthochdruck sind nur einige Beispiele, die den Organismus treffen können.

Verdauungspausen sind immer sinnvoll.

Die Leber kann auch für psychische Schwierigkeiten verantwortlich sein: Nervosität, innere Anspannung und Unruhe lassen den Hund nachts umhertreiben. Negative Geschehnisse des Tages ärgern einen nachts besonders, aber auch ein allgemein zu hoher Stresslevel sorgt für Aufwachen und einen gestörten Schlafrhythmus. Das Adrenalin und Cortisol werden in zu hohen Dosen ausgeschüttet, die beruhigenden Schlafhormone haben keine Chance mehr.

Ab 3 Uhr nachts beginnt wieder die Fülle-Zeit der Lunge und der Umlauf startet erneut.

Merkmale, die nicht zur TCM-Diagnostik zählen (Rasse, Alter)

Hunde unterschiedlicher Rassen haben ihre Eigenarten. Der eine ist gelassen und ruhig, der andere liebt es, sich auszupowern und braucht viel Abwechslung. Wieder ein anderer meldet jeden Eindringling mit Gebell oder freut sich über einen Einbrecher in der Nacht. Der eine Hund hütet alles und jeden für sein Leben gern, der andere ist ein hervorragender Jäger. Ein weiterer liebt alle Lebewesen und würde noch nicht einmal sein Kuscheltier oder Spielzeug kaputtmachen.
Es gibt auch Rassedispositionen für bestimmte Krankheiten: Es ist bekannt, dass Schäferhunde zu HD (Hüftgelenksdysplasie, also Arthrose) neigen, der Dackel oft Bandscheibenprobleme hat, ein blau-/grau-farbener Hund taub auf die Welt kommen kann. Das alles kann, muss aber nicht.

Die süße Goldie liebt ihren Stofftier-Freund.

Hier sind es Eigenschaften von Hunderassen, die nicht direkt auf Pathologien hinweisen müssen. Die Eigenschaften können je nach Element weniger oder stärker vertreten sein oder bei einer Disharmonie zu Problemen führen. Ein gewisses Maß ist also natürlich und trainingsbasiert.
Mir ist wichtig, dass Sie nicht alles auf die Goldwaage legen. Es mag sein, dass eine bestimmte Rasse sehr gut zu einem einzelnen Element passt, aber nicht alles ist schwarz oder weiß. Ein Jagdterrier ist nicht immer ein Holz-Typ, ein Labrador nicht immer ein Vertreter des Erd-Elementes, aber häufig nah dran oder ein Teil davon und daher ein Misch-Typ. Wenn Sie einen Mischling daheim haben und keinen Rassevertreter, dann ist es ohnehin spannend, was in ihm möglicherweise alles verborgen ist.
Auch das Alter ist entscheidend. Ein alter Hund darf sein Rentnerdasein führen und gerne liegen und schlafen. Ein Jungspund hat von Natur aus viel mehr Power und scheinbar überschießende Energie. Allerdings sollte auch ein junger Hund zur Ruhe kommen können, um die notwendigen Speicher aufzufüllen. Ich möchte letzteres betonen, da die Ruhephasen in der Jugend oft zu kurz ausfallen und dadurch viele Schwächen und Probleme vorprogrammiert werden.

Higgins als Welpe. Junge Hunde brauchen viel Schlaf, um Erlebtes zu verarbeiten und Kräfte sammeln zu können. Überforderung schadet in dieser Zeit enorm, auch wenn man es eigentlich nur gut gemeint hat und dem Hund viel bieten wollte.

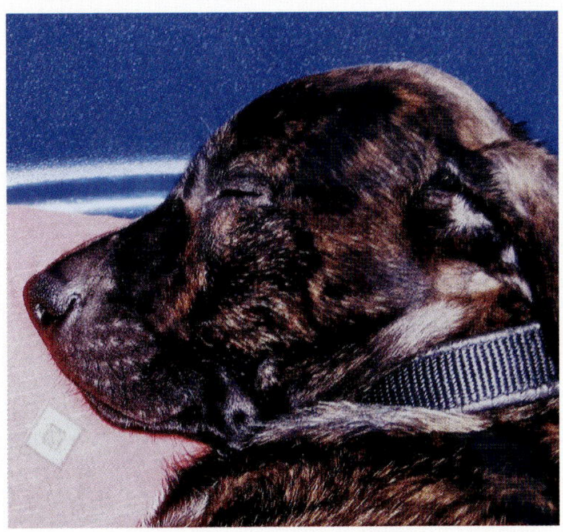

4. FRAGEBOGEN

zur Typbestimmung

Sicher möchten Sie wissen, welchen Typ Sie daheim haben. In diesem Kapitel haben Sie nun die Möglichkeit, diesen Fragebogen auszufüllen. Sie werden am Ende wissen, welchem Element Ihr Hund angehört. Möglicherweise haben zwei bis drei Elemente in der Auflösung die meisten Punkte abbekommen, eines ist jedoch das dominanteste. Die Elemente, die dicht dran sind, haben ebenfalls großen Einfluss auf die Persönlichkeit Ihres Hundes. Vielleicht ist er sogar ein Misch-Typ, bei dem zwei Elemente beinahe gleich stark sind. Für solche Fälle gilt, dass beide Möglichkeiten der Stärkung und auch alle Dispositionen greifen können.
Das Element mit den meisten Punkten/Kreuzchen passt zu Ihrem Hund.

Teil 1: Körperliche Merkmale/Ausdruck

- Zunge an der Spitze leicht rötlich und/oder umgekehrte Herzform ____ A
- Zunge an den Rändern etwas geschwollen ____ E
- Zunge eher schmal und hell ____ D
- Zunge eher schmal und evtl. trocken ____ C
- Zunge eher dick und viel Sabber ____ B
- Muskulös, durchtrainiert, Kämpfertyp ____ E
- Athletisch, schlank, feingliedrig ____ D
- Lange Beine, schmale Brust, wenig Muskulatur, aber ausdauernd ____ C
- Eher etwas pummelig, weiche Muskulatur, zu viel Haut ____ B
- Schlank, evtl. rötliches Fell, hechelt schnell, Roadrunner ____ A
- Sehr leichtfüßig, schnelle Bewegungen, hektisch, evtl. zugekniffene Augen ____ A
- Angespannt, Flitzebogen, fester Körper ____ E
- Gemütlich, langsame Bewegung, wenig Energie ____ B
- Erhaben, bedachte Bewegungen, viel Ausdauer, schnell ____ C
- Vorsichtig, leise Bewegungen, kann aber sehr leistungsfähig sein ____ D
- Körper wirkt evtl. gedrungen, kürzere Beine, Rute etwas starr ____ E
- Langes Gesicht, lange Fesseln, ansonsten harmonischer Körperbau ____ D
- Wirkt trocken, schmal und hat einen tiefen Brustkorb ____ C
- Breite Pfoten, evtl. durchtrittig, Moppel, dicke Gelenke ____ B
- Rakete, oft zu dünn, kommt nix dran, Rute oft aufgestellt, anmutig ____ A
- Charming-Boy, Herzensbrecher, strahlender Typ ____ A
- Buddha-Typ, also die Ruhe und Gelassenheit in Person ____ B
- Der Aristokrat, aufrechter Typ, steht etwas abseits ____ C
- Der Beobachter, meist hübsch, freundlich zurückhaltend, wedelt viel ____ D
- Der geborene Anführer, der Macher, Boss ____ E

Teil 2: Psyche, Charakter und Sozialverhalten

- Stressanfällig, zieht sich oft zurück ____ C
- Stressanfällig, zeigt Übersprungshandlungen, Hysterie ____ A
- Ängstlich ohne Partner und Sicherheit ____ D
- Möchte alle um sich herum haben ____ B
- Überschießende Reaktionen, schwer zu beruhigen, hysterisch ____ A
- Fürchtet keinen Kampf, geht voran, zeigt die Zähne ____ E
- Einzelgänger, distanziert, sucht sich Freunde aus, spielt wenig ____ C
- Mutig, impulsiv, volle Kraft voraus ____ E
- Geduldig, verlässlich, läuft oft hinterher ____ B
- Ehrgeizig, will gewinnen ____ E
- Reagiert besonnen, schlichtet Streit, liebt Gerechtigkeit ____ C
- Bemuttert und umsorgt gerne ____ B
- Emotional, empfindsam, feine Antennen ____ D
- Braucht Routine, Veränderungen bedeuten Stress ____ C
- Abneigung vor Wasser oder Kälte ____ D
- Kann keinen Zwang ertragen, wird dann richtig frech ____ E
- Immer gemütlich, faul, aber stets für ein Leckerchen bereit ____ B
- Extrem gutes Gedächtnis ____ C
- Inkonsequenzen werden sofort ausgenutzt ____ E
- Diva persönlich, Pausenclown, gern im Mittelpunkt, strahlend ____ A
- Liebt Kinder, verzeiht kleine Unfälle, absolut brav ____ B
- Liegt meistens im Weg, man muss über ihn drüber klettern ____ B
- Trauert sehr um Verluste, mag keine Änderungen im Rudel ____ C
- Kann sich über Kleinigkeiten fürchterlich aufregen ____ E
- Ball-Junkee, springt immer überall hoch, findet kein Ende ____ A
- Vorsichtig bei allem Neuen und Fremden ____ D
- Unflexibel im Alter, unbeweglich, steif ____ E
- Lässt sich leicht überfordern ____ D
- Möchte alles richtig machen ____ C und D
- Sehr schlau ____ A, C und D
- Gefühl, als ob man sich in Gedanken mit ihm unterhalten kann ____ A und D
- Bellt viel, laut und kräftig ____ A und E
- Bei Unterforderung sucht er sich selber eine Beschäftigung ____ A
- Lernt nur langsam, vergisst es dann aber nicht mehr ____ B
- Streitet nicht um die Rangordnung, Hauptsache Ruhe ____ B

Teil :3 Mögliche Beschwerden

- Immer etwas zu dünn, man sieht schnell die Rippen ______ A
- Die Haut und das Fell sind oft trocken, häufig Ekzeme ______ C
- Augentränen, oft entzündet oder gereizt ______ E
- Muskeln und Gang oft steif, Sehnen- oder Bänderverletzung ______ E
- Schlechte Wundheilung, Haarbruch, Liegeschwielen, Pilzinfektion ______ C
- Häufiger Durchfall ______ B
- Viel Blähungen, Gastritis und Bauchweh ______ B und E
- Rückenschmerzen- und Beschwerden, bes. LWS ______ D
- Neigung zu Knieverletzungen, Patellaluxationen______ B und D
- Juckreiz, Allergien, Krallenverletzungen, berührungsempfindlich______ E
- Empfindliche Nase und/oder Atemwegsprobleme ______ C
- Veränderungen/Stress schlagen sofort auf den Verdauungstrakt ______ B
- Wetterfühligkeit ______ C
- Degenerative Erkrankungen der Knochen/Zähne ______ D
- Große Mengen Urin/Harntröpfeln oder Inkontinenz ______ D
- Häufige Verletzungen durch wildes Spielen/Hektik ______ A
- Neigung zu Obstipation ______ C
- Infektanfälligkeit ______ C
- Schnell erschöpft und müde ______ B
- Hormonprobleme, Scheinträchtigkeit, Prostatavergrößerung ______ D und E
- Epilepsie, Krampfanfälle, Ohrprobleme ______ E
- Starker Durst, viel Hecheln ______ A
- Hyperaktiv, braucht nur kurze Pausen, livide Schleimhaut ______ A
- Starker Speichelfluss ______ B
- Uriniert vor Freude/Aufregung/Beschwichtigung ______ A
- Rissige Pfoten, leckt gerne salziges/geschwitzte Haut ab ______ D
- Konzentrationsschwäche, Übersprungshandlung, Herzprobleme______ A

Rudi ist ein Knaller-Typ.

Auflösung:

Feuer/Herz	A	Punktzahl:____
Erde/Milz	B	Punktzahl:____
Metall/Lunge	C	Punktzahl:____
Wasser/Niere	D	Punktzahl:____
Holz/Leber	E	Punktzahl:____

5. DIE FÜNF ELEMENTE

und die entsprechenden Hunde-Typen

Unsere vierbeinigen Freunde sind trotz der Domestikation noch sehr gut mit Instinkten ausgestattet. Sie scheinen einen siebten Sinn zu besitzen, von dem nicht nur Katzenbesitzer sprechen.
Mein Hund Higgins zum Beispiel konnte Regen riechen. Warum ich das glaube? Da er es überhaupt nicht leiden konnte, nass zu werden, er ging noch nicht einmal durch eine Pfütze, schien er genau zu wissen, wann es zu regnen beginnen würde. Auf Spaziergängen, die er eigentlich über alles liebte, blieb er manchmal stehen und sah mich an. Dann drehte er in Ruhe um und ging zurück Richtung Heimat. Ich hätte ihn sicher dazu bringen können, doch mitzugehen, aber einfach wäre das nicht gewesen. Also ließ ich ihn gewähren. Wir erreichten jedes Mal trocken unser Zuhause, meist auf den letzten Drücker. Er schien genau zu wissen, wie viel Zeit uns blieb. Verrückter Kerl, dachte ich immer.
Ein anderes Beispiel: Während meiner Schwangerschaft litt ich zeitweise an morgendlicher Übelkeit und musste mich manchmal übergeben, auch unterwegs beim morgendlichen Spaziergang. Higgins stellte sich dann neben mich und erbrach sich ebenfalls. Kopfschüttelnd und lächelnd streichelte ich ihn und wir gingen

weiter. Danach hat er so etwas nie wieder gemacht. Ich allerdings auch nicht.
Oder noch unheimlicher: Ganz am Ende meiner Schwangerschaft saß ich einmal mit dem dicken Bauch in meinem Lieblingssessel. Plötzlich verließ Higgins seine Kuschelecke auf der Couch und setzte sich vor mich hin. Aufrecht sitzend verbrachte er eine gefühlte Ewigkeit damit, auf meinen Bauch zu starren. Ich vermutete schon Krümel oder sonstige Essensreste, die ich durch den immensen Bauchumfang nicht gesehen hatte, aber da war nichts. Mein Mann schaute auf mich und den Bauch und meinte: »Alles okay mit Euch beiden?«
»Klar, alles tutti«, antwortete ich. Mein Mann wedelte mit einem Wurstbrot, doch Higgins hatte keine Zeit, er wendete nur kurz den Blick, um dann sofort wieder meinen Bauch zu fixieren. »Ach Hitschman (so nannte ich Higgins, wenn er albern war), ich hole dir jetzt was aus deiner Schublade.« Doch dort kam ich nicht an. Kurz nach dem Aufstehen war mir sofort klar, was der weise Hund mir die ganze Zeit hatte sagen wollen:

Das letzte Bild (links), eigentlich ein Schnappschuss, von Higgins an unserem Lieblingsort, wenige Tage vor seinem plötzlichen Tod. Ja, plötzlich, denn obwohl er bereits fast 14 Jahre alt war, zeigte er bis zu seinem Ende viel Lebensfreude und war, bis auf ein Tief im Sommer, stets gesund und munter. Tiere haben häufig ein tieferes Verständnis, eine innere Ruhe und sie sind im Einklang mit der Natur und deren Zyklen. Annehmen und Loslassen fällt ihnen meist leichter als uns. Ich glaube, er wusste es bereits. Ein Bild mit immenser Aussagekraft, oder? Ich bekam eine Gänsehaut, als ich es machte, aber da hatte ich noch keine Ahnung, warum.

Ein super Team, Higgins und die Autorin.

BÄHMMM! Die Wehen gingen los und die Fruchtblase platzte.
Higgins entsprach zu beinahe 100 % dem Wasser-Typus. Diese Hunde sind extrem feinfühlig, spiegeln sehr schnell ihre Menschen und haben einen ausgeprägten siebten Sinn. Manche möglicherweise auch noch einen weiteren.
Ich denke, Sie werden schon die ein oder andere ähnliche Geschichte erlebt haben. Wer eine intensive Bindung zu seinen Hunden hat, wird früher oder später so etwas Unglaubliches erfahren. Unsere Vierbeiner sind enger mit der Natur und den Elementen verbunden. Uns Menschen ist da leider einiges abhandengekommen. Umso spannender finde ich die Theorie der 5 Elemente, den Wandlungsphasen in der TCM.

Hier erklärt sich vieles und sich selbst findet man dort auch wieder.
Jedes Lebewesen gehört einem bestimmten Element an. Manchmal ist es gar nicht leicht zu erkennen, welches es ist, zuweilen scheinen zwei oder drei Elemente zu passen. Das ist völlig normal, denn ein Lebewesen trägt alle Elemente in sich, doch das mit dem größten Einfluss sticht am meisten heraus. Manchmal ändert es sich im Laufe der Zeit etwas und die Tendenz »verrutscht«. Lassen Sie sich also einfach auf die Elemente-Beschreibungen ein, es muss nicht alles passen. Manches versteht man sowieso erst rückblickend. Sie haben den Fragebogen ausgefüllt? Dann schauen Sie mal, ob es hinkommt.

Die Wandlungsphase Holz

Das Element Holz steht im Zeichen des Frühlings. Diese Zeit steht für Wachstum, viel Bewegung und großen Tatendrang. Das Holz ist in seiner frischen, gesunden Phase biegsam und flexibel, kann auch unter widrigen Umständen gut wachsen, es sucht sich seinen Weg. Hat es nicht genug Platz, verkümmert es entweder oder sucht sich seinen Weg und kann dabei sogar Steine durchbrechen. »Mit dem Kopf durch die Wand« ist eine passende Metapher für den Holz-Typ. Es gibt nur zwei Möglichkeiten: gewinnen oder verlieren. Aber eigentlich ist Verlieren keine Option.

Die Leber hat im traditionellen chinesischen Sinn die Aufgabe, alles im Fluss zu halten. Sie sorgt für eine gute Verteilung von Qi und Blut (Xue), damit alle Organe und die Muskulatur leistungsfähig bleiben. Leider ist das Holz-Element sehr störanfällig. Wind, als schädigender Faktor von außen, kann das Holz brechen, wenn es nicht biegsam genug ist, also nicht gut versorgt.

Wind kann auch von innen heraus entstehen (sollte daher nicht mit der Wettererscheinung verwechselt werden), wenn nicht ausreichend Substanz im Körper zum Kühlen und Verteilen vorhanden ist. »Innerer Wind« heißt dieses Symptom in der TCM und kann mit »Durchzug« in den Gefäßen und Muskeln beschrieben werden. Ein Bild dafür ist ein Tunnel oder ein U-Bahn-Schacht, dort kommt es auch zu unangenehmem Wind. Die meisten Leber-Disharmonien werden durch Emotionen und Stress verursacht.

Zum besseren Verständnis und zur Erinnerung: Die Organpaare sind Leber und Gallenblase, der Geschmack der Wandlungsphase Leber ist sauer, der Geruch ranzig, die Farbe ist grün, das Gewebe sind die Sehnen und Krallen. Der Öffner der Leber sind die Augen. Mut und Tatendrang sind die Eigenschaften des Holzes, Wut ist es bei einer Störung im Element.

Jack, ein Jagdterrier, wie er im Buche steht.

Der Holz-(Gan)-Typ

Psyche und Sozialverhalten

Bevor ein negatives Bild des Holz-Typ entsteht, möchte ich Sie vor Vorurteilen bewahren, denn er hat auch immens gute Seiten! Er ist selbstbewusst, mutig, energiegeladen, stolz und gelehrig. Häufig findet man diesen Typ unter den Agility-Profis, denn dieser Hund liebt den Wettkampf. Er ist meist der Rudelführer, andere Hunde ordnen sich ihm schnell unter. Das kann allerdings zu Problemen in der Mensch-Hunde-Beziehung führen, denn der Holz-Typ möchte gerne auch in der Beziehung zum Menschen der Chef sein. Ist die Rangfolge aber geklärt, hat man den besten Sportsfreund an seiner Seite mit einer phänomenalen Ausdauer. Er ist ein treuer Partner, der mit einem durchs Feuer geht.

Regeländerungen mag der Holz-Typ allerdings gar nicht. Spielregeln sind Spielregeln, der Mensch muss sich im Klaren sein, was er erlaubt und was nicht. Darf der Hund heute aufs Sofa und morgen nicht, sind Diskussionen vorprogrammiert. Zu strenge Handhabe in der Erziehung, gar Schläge (so was gibt es leider immer noch) oder andere Zurechtweisungen, können aggressive Reaktionen beim Holz-Typ hervorrufen. Denken Sie daran: Er ist ein Gewinner-Typ und geht keiner Rangelei aus dem Weg.
Das gleiche gilt auch für Begegnungen mit anderen Hunden. Also aufpassen, ihm darf so schnell keiner in die Quere kommen.
Das Training sollte abwechslungsreich sein, neue Herausforderungen sind stets willkommen, denn der Leber-Typ langweilt sich schnell. Lange Spaziergänge mit eingebauten Aufgaben und Spielen, kleine, aber freundliche Balgereien mit Kumpels sorgen für gute Laune beim Holz-Hund.

Einen wichtigen Punkt sollte der Hundebesitzer stets beachten: Der Holz-Typ darf nur toben, wenn er vorher richtig aufgewärmt wurde. Kaltstarts gehen auf die Muskulatur, Sehnenverletzungen oder Muskelschmerzen sind dann nicht selten.
Gebellt wird viel und laut, sei es aus Übereifer oder aus Unmut und Ungeduld. Auch Frustration kann zu ausgedehnten Lautäußerungen führen. Und die Frustrationstoleranz ist beim Holz-Hund leider niedrig.
Viele Holz-Typen haben ein ausgeprägtes Jagdverhalten. Ein guter Jagdhund ist jederzeit abrufbar und folgt gezielten Aufgaben. Sollte ein Leber-Typ zur Jagd eingesetzt werden, erfordert es eine Menge Training und klare Ansagen. Ein guter Jagdhund

Trainingstipps

- Viel Abwechslung und Bewegungsmöglichkeiten schaffen
- Klare Regeln im Umgang, Sprunghaftes Verhalten duldet der Holztypus nicht
- Als Gewinnertyp mit unendlicher Ausdauer und starkem Willen ist er der geborene Athlet und Agility-Profi
- Erfolgserlebnisse motivieren ihn zu Höchstleistungen
- Seiner ungeduldigen und unfreundlichen Art, wenn es nicht so läuft, wie er will, muss man begegnen können. Auch die Verträglichkeit mit anderen Hunden muss immer wieder trainiert werden.
- Erziehung nur mit Ruhe, Konsequenz und klarem, sicheren Auftreten seitens des Besitzers möglich.

Jack macht gerne das, wonach ihm gerade der Sinn steht.

sollte besser zusätzlich eine Menge vom Metall-Element in sich tragen, denn dieses Element kann gezielt arbeiten und denkt mit. Ein Leber-Hund ist oft unkontrollierbar und die Steuerung durch den Menschen in seinem Rausch, seiner Mission, ist nicht willkommen. Ein Misch-Typ aus Metall und Holz ist der ideale Jagdbegleiter (sofern er diese Veranlagung hat), dazu später mehr.

Körperliches Erscheinungsbild

Der Leber-Typ ist sehr muskulös, kräftig und meist breit gebaut. Sein Blick ist durchdringend, manchmal sind seine Augen leicht geschlossen. Er will am liebsten rennen, wodurch sich der Aufbau von Blickkontakt selten ergibt. Er mustert seinen Menschen unbemerkt, ihm entgeht nichts. Der Holz-Typ ist als geborener Athlet leicht zu erkennen. Kann er seinen Bewegungsdrang nicht so ausleben, wie er es gerne würde, beginnen seine Hinterbeine vor Anspannung zu zittern. Dies ist natürlich nicht mit dem ängstlichen Zittern oder dem Kälte-Bibbern zu verwechseln. Ein Holz-Typ im »Rentenalter« ist hingegen nicht mehr so beweglich. So wie ein Baum im Alter starr und unbeweglich wird, so trifft es auch den Senior. Verspannungen, Gelenkschmerzen und ein steifer Rücken sind neben einem unbeweglichen Geist ein Zeichen des alten Holzes. Die Intoleranz und Unflexibilität gehören zu diesem Charakter dazu. War er in jungen Jahren flexibel und biegsam wie ein Bambus, ist davon später nichts mehr zu sehen.

Das Holz-Element in Disharmonie

Mögliche Krankheiten und Dispositionen

Wie schon erwähnt, ist die Wandlungsphase Holz sehr störanfällig. Kann der Typ

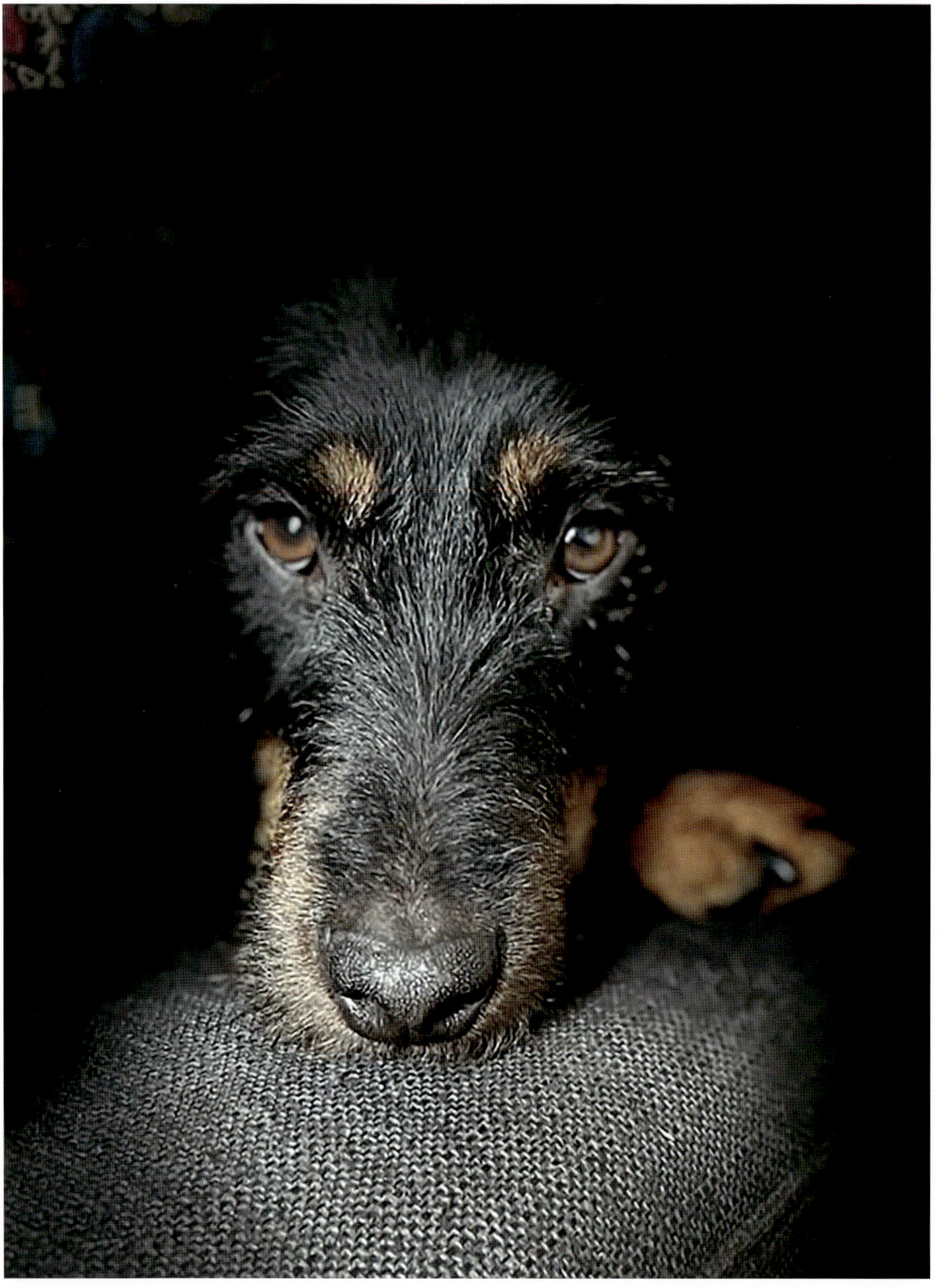

Jack

seinen Bewegungsdrang nicht ausleben oder ärgert ihn etwas (was ziemlich oft vorkommt), dann kann ihm die Wut zu Kopf steigen. Das »überschießende Yang« ist wie beim Feuer-Element häufig ein Thema. Anzeichen sind ein ausgereiftes Aggressionsverhalten, Bell-Attacken sowie galliges Erbrechen.

Der äußere pathogene Faktor Wind bringt schädigende Einflüsse unter die Haut, die sich dann als Verspannungen, Lähmungen, entzündete oder gereizte Augen, Juckreiz oder Pusteln zeigen können. Allergien kommen beim Holz-Typ häufig vor. Er scheint oft Viruserkrankungen, die in der Luft liegen, regelrecht aufzuschnappen.

Aber Wind kann auch von innen heraus entstehen. Wenn zum Beispiel der Körper unter einem Blut-Mangel leidet (das gilt sowohl für den im Blutbild feststellbaren Hämoglobin-Wert wie für den nicht wirklich messbaren XUE-Blut-Mangel im Sinne der TCM), dann fehlt diese Substanz zum Kühlen und Befeuchten und es kann zu »Durchzug«, also einer Unterversorgung, in den Leitbahnen und Gefäßen führen. Auch so entstehen Verspannungen und schlechte Laune. Wenn der Hund permanent unter Stress steht und sich »heiß« bellt oder ärgert, dann kann das auch die Substanz verbrauchen und so ein Mangel entstehen. Die Epilepsie gilt in der TCM als das Paradebeispiel für eine überschießende Leber-Yang-Attacke (sofern nicht angeborene Krankheiten dahinterstecken). Der Auslöser kann vor allem der innere Wind sein. Da das Bewusstsein bei einem Krampfanfall meist verloren geht, kommt noch ein Bezug zum Feuer-Element hinzu.

Weitere typische Erkrankungen oder Disharmonien, die dem Holz-Element zugeschrieben werden, sind beispielsweise Hormonstörungen. Unregelmäßige Läufigkeiten oder schwer zu ertragende Scheinträchtigkeiten, in denen die Hündin von theatralisch bis aggressiv reagiert, sind oft zu beobachten. Der sexuell übererregte Leber-Typ-Rüde gehört aber genauso dazu. Es treten regelrechte Qi-Blockaden auf, wenn die Leber oder der Gallefluss gestört werden. Steife Muskulatur, Verdauungsstörungen mit Durchfall und Erbrechen, saures Erbrechen, Sodbrennen mit roten Schleimhäuten, Verstopfung (Obstipation), Blähungen mit Darm-Kollern und starkem Bauchkrämpfen sind typisch. Auch können sich Leber Qi-Blockaden in Nackenschmerzen oder Schulter- und Hüftbeschwerden äußern.

Die Ohren gelten als Öffner der Nieren, jedoch ist es oft so, dass ein gereizter Leber-Typ zu Ohrentzündungen neigt. Leberprobleme (Entgiftungsprobleme oder allergiebedingt) treffen häufig das rechte Ohr. Bei Hormonstörungen, ganz gleich ob Männlein oder Weiblein, kommt es zu Problemen im linken Ohr. (Anmerkung der Autorin: Ich konnte das in meiner Praxis beobachten, habe aber keine wissenschaftliche oder bestätigende Literatur dazu gefunden.)

Bei einer schwachen Leber zeigen sich zudem Probleme mit rissigen oder spröden Krallen. Ich denke, die psychischen Auswirkungen im Leber-Muster sind deutlich geworden.

Wird das Holz-Element »eingezwängt« und kann nicht so aus sich heraus, wie es möchte, kennt es nur noch den Weg nach oben. Wenn der Holz-Typ nicht in Harmonie mit seinem Element ist, ist von seiner Leistungsbereitschaft, seinem Mut, seiner

Mal ruhig ...

... und mal sogar im Schlaf schlecht gelaunt.

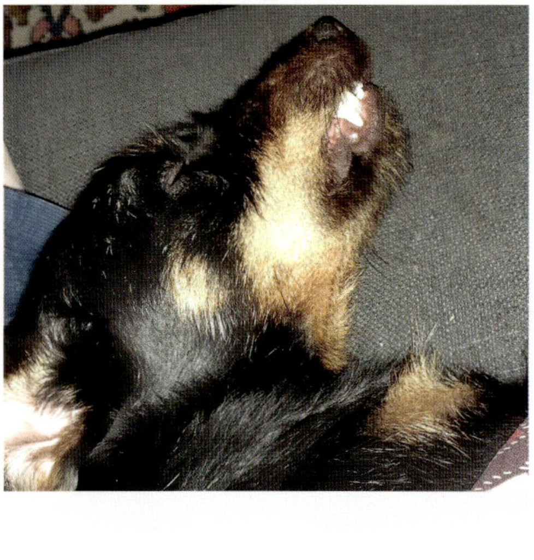

Unerschrockenheit und der sportlichen Kameradschaft nicht viel übrig. Er neigt zu Ungeduld, Zittern, Zornesausbrüchen und seine Stresstoleranz sinkt gegen Null. Stress ist generell der Endgegner des Leber-Typen. Der Kreislauf der Disharmonien startet bei kleinsten Unregelmäßigkeiten und Unerfreulichem.

Fazit: Der Holz-Typ

Der Holz-Typ ist ein Gewinner-Typ. Eine Sportskanone mit Mut und enormen Tatendrang. Er ist ein Anführer und erfragt daher regelmäßig die Rudelfolge. Ein selbstsicherer Besitzer mit ähnlichen Qualitäten ist der beste Partner. Regelmäßigkeiten im Umgang sind wichtig, sonst kann es bis zu cholerischen Anfällen und Wutaufbrausen kommen. Stress wird nicht toleriert, aber schnell empfunden. Blockaden im Holz-Element führen zu Krämpfen und Schmerzen, Wind zu Allergien und Verspannungen. Ist das Element im Fluss, ist der Leber-Typ ein wahrer Held. Dennoch: Ein Leber-Typ bleibt sein Leben lang eine Aufgabe, eine Herausforderung, die den Besitzer aber reich beschenken kann.
Siehe bekannte Redewendungen wie:
»Laus über die Leber gelaufen«
»Vor Wut Galle spucken«
»Zornesblick«

Die Wandlungsphase Feuer

Die Feuerenergie steht für Wärme, Liebe und Lebensfreude. Es ist die Zeit des Sommers, der langen, warmen Nächte und der geselligen Partys. Laut der TCM sitzt im Herzen, dem Yin-Organ des Feuers, der Geist »Shen« (nicht zu verwechseln mit Shen-Niere), er beschreibt das Sinnbild von Freude, Energie und Sonnenschein. Andere Übersetzungen sind: Stolz, Seele oder Kraft. Das Feuer befähigt den Organismus zum klaren Denken und schnellen Erfassen von Situationen mit der richtigen Reaktion. Geistige Klarheit trifft es wohl am besten. Sein Yang-Partner, der Dünndarm, ist auch derjenige, der Klares vom Trüben trennt. Hier ist nicht nur die Nahrung, sondern auch die Entschlussfähigkeit gemeint. Ein entzündeter Darm kann auch das Herz durcheinanderbringen. Nicht selten werden Herzprobleme diagnostiziert, wenn der Durchfall lange anhält. Verschwindet der Durchfall oder die Darmirritation, kommt das Herz meist wieder in Ordnung.
Das Feuer, also das Herz, ist als Spender der Lebenswärme eng mit der Niere gekoppelt. Häufig spricht man von der Herz-Nieren-Achse, die stets im Gleichgewicht von Wärme, Energie und Kühlung sein sollte. Da das Feuer aber schnell zu Überhitzung neigt, muss die Niere oft übermäßig kühlen, was dann leider zur Schädigung des Nieren-Yins führen kann. Es kommt zu Verlust von Substanz und der Lebensenergie, die in den Nieren sitzt und das Feuer nährt. Oder das Herzfeuer schlägt unkontrollierbar hoch, entweder durch zu wenig Kühlung oder durch übermäßige Herz-Energie und Aktivität, dann kommt es zu schweren Überhitzungskrankheiten, die nicht nur den Körper, sondern auch den Geist und die Psyche stören.
Die Gesundheit des Herzens lässt sich am besten an der Zungenspitze und an den Augen messen. Ist die Zunge normalfarben und glänzen die Augen, dann ist der »Shen-Geist« glücklich und gesund. Die Gefäße sind das Gewebe des Herzens und für die Durchblutung zuständig, so kann sich die Energie gleichmäßig im Körper verteilen.
Zur Erinnerung: Der Geschmack des Feuers ist bitter, der Geruch verbrannt, die Farbe Rot, die Emotion im Guten die Freude, im Schlechten die »Überfreude«/Übererregung, der Öffner des Herzens ist die Zunge und der schädigende Einfluss ist die Hitze.

Der Feuer-(Xin)-Typ

Psyche und Sozialverhalten

Herz-Typen tänzeln sich zielsicher in den Mittelpunkt, wissen sich zu präsentieren, sind sehr agil und sprühen vor Energie. Ihr Temperament geht manchmal mit ihnen durch. Sie sind wahre Showmaker.
Ihr hektisches Wesen kann ihre Konzentrationsfähigkeit beeinflussen. Auch ihr Übereifer kann ihnen im Weg stehen. Herz-Typen

Sam, ein Australian Shepherd.

können auch etwas labil sein und sich von Situationen überfordert fühlen. Die Folge können Übersprungshandlungen bis hin zu Panikattacken sein. Feuer-Hunde haben einen enormen Bewegungsdrang, sie rennen wie der Teufel, wenn man sie lässt. Sie werden leicht zu Ball-Junkies, die kein Ende bei solchen Spielen finden, selbst wenn ihnen die feuerrote Zunge schon bis zum Boden hängt. Wenn sie ihre Energie gezielt einsetzen können, dann sind sie beispielsweise gute Viehtreiber, die mit ihrer phänomenalen Auffassungsgabe blitzschnell reagieren. Auch das Fährtenlesen gehört zu ihren Qualifikationen.
Doch Vorsicht: Herz-Typen rennen über die Erschöpfung hinweg. Sie sind zwar nach kurzen Pausen schnell wieder fit, wissen aber leider nicht, wann genug ist.
So selbstsicher und verspielt wie sie sind, kann ihr Verhalten auch rasch kippen. Die Heiterkeit schwindet und es folgen Ballattacken oder Jaulen, beides laut und schrill.
Ein Feuer-Typ braucht eine liebevolle Umgebung, die ihm Sicherheit und Ruhe gepaart mit Konsequenz gibt, aber auch für Abwechslung und viel Bewegung sorgt.
Ein harmonischer Herz-Typ ist eine wahre Freude. Ihm zuzusehen, wie er sich bewegt, wie er grazil und sportlich umherhüpft, lässt das Hundebesitzer-Herz vor Freude höher springen.

Trainingstipps

- Der überaus agile Sportler rennt für sein Leben gern, es sollte ihm dieser Bewegungsdrang auch immer zugestanden werden.
- Seine nervöse und hektische Art benötigt den konsequenten Ruhepol seitens des Besitzers in der Ausbildung.
- Vorsicht: Der Herz-Hund findet von sich aus selten ein Ende beim Toben und Spielen, aber auch beim Hüten und Führen.
- Ein Herz-Hund kann bei Überreizung schnell überdrehen und mit Panik und Stereotypien reagieren, auch kann er mal zuschnappen.
- Wer seine Energie richtig einzusetzen weiß, hat den Marathon-Athleten unter den Hunden an seiner Seite.

Sam in seinem Element.

Herz-Hunde kuscheln auch sehr gern und lieben Massagen.
Der Feuer-Hund braucht eine Aufgabe, sonst sucht er sie sich.

Körperliches Erscheinungsbild

Es sind die Charming Boys, die Beauty Queens, zumindest sind sie meist edel, schlank, haben ein glänzendes Fell und leuchtende Augen. Sie fallen auf, allein schon, weil ihr Ausdruck so fröhlich ist. Auf Ausstellungen erlangen sie oft die höchste Punktzahl, sie wissen sich zu präsentieren. Besonders häufig trifft man unter ihnen helle und rote Fellfarben, was aber kein Muss darstellt.
Herz-Typen wirken oft etwas wärmer. Sie sabbern auch am wenigsten, im Vergleich zu anderen Hunde-Typen. Ihr Nase fühlt sich manchmal trocken an.
Herz-Typen haben oft eine lange und dünne Zunge, die manchmal etwas bläulich erscheint.
Ihre Bewegungen sind flink, meist ausdrucksstark und tänzerisch. Ihr Körper wirkt harmonisch, alles scheint wunderbar zusammenzupassen. Ihre Ausdauer ist beinahe grenzenlos.

Das Feuer-Element in Disharmonie

Mögliche Krankheiten und Dispositionen

Was wäre naheliegender als Herzprobleme? Durch ihre Nervosität, ihren Dauer-Power-Modus läuft der Stoffwechsel der Muskulatur und Gefäße bei diesen Hunden auf Hochtouren. Da der Herz-Typ sich schnell verbraucht, weil die innere Hitze Substanz klaut, kann es leider zu Herz-Insuffizienz, Muskelverletzungen und auch Epilepsie kommen, sofern nicht andere Ursachen dafür verantwortlich sind. Daher sollte der Besitzer stets Pausen einbauen, auch mentale Ruhemomente. Auslastung ist wichtig beim Herz-Typ, aber eben nur bis zu einem gewissen Grad. Durch die innere Unruhe und die immerwährende Aufmerksamkeit ist das vegetative Nervensystem oft beeinträchtigt.

Der Feuer-Typ träumt auch viel und reichlich, er strampelt und jault im Schlaf. Das muss nicht immer pathologisch sein, also schlecht, sollte aber nicht ständig vorkommen, denn dann hat der Hund zu viel zu verarbeiten und kommt nicht zur Ruhe. Er

Sam und seine Freundin Olga, Abkühlung ist für Herz-Typen essentiell.

saugt alles aus seiner Umgebung auf, dies führt dann leider schnell zu Überreizungen. Andererseits kann Unterforderung das gleiche Problem erzeugen.
Verlassensängste gehören leider auch auf die »Mängelliste«. Das kann beinahe jeden Elemente-Typen treffen, der Herz-Typ kann diese aber besonders gut ausleben und zerlegt schon mal das eine oder andere Möbelstück oder Wohnungs-Accessoire.
Er kann auch hervorragende Arien singen. So können Stereotypien, wie Schwanzbeißen, Im-Kreis-Drehen oder andere Tics auftreten, wenn das Herz im Übermaß gereizt und erhitzt oder leer zu werden droht. Ich spreche hier rein von der Herz-Energie, dem Qi, das dann in ungelenkten Bahnen läuft. Auf Dauer verliert der Feuer-Typ seinen Augenglanz, sein Fell wird struppig, seine Zunge blau bis lila, besonders an der Zungenspitze.
Natürlich bleiben auch der Magen und der Darm nicht verschont, wenn der Stoffwechsel so »brennt«. Da der Herz-Typ stark von Nervosität und Stress betroffen ist, leidet seine Verdauung. Es scheint, als hätte er dafür nur zu wenig Zeit. Die Energie geht ins Herz, ins Gehirn und in die Muskulatur, aber eben nicht in die Mitte, zum Verdauungstrakt. (Infos zum vegetativen Nervensystem siehe Seite 91 ff.)
So kommt es leider oft zu Erbrechen von unverdauter Nahrung und Durchfällen, Sodbrennen sowie feuerroten Schleimhäuten. Wichtig ist hier das ständige Angebot von Wasser. Natürlich sollte jeder Hund die Möglichkeit haben, ausreichend zu trinken, der Herz-Typ braucht aber einfach mehr davon.

Probleme zeigen sich häufig auch an der Haut: Hot Spots, feuerrote, manchmal nässende, entzündete kahle Hautstellen, meist kreisrund, die zu jucken scheinen. Jedes Belecken dieser Stellen fördert die Entzündung.
Schulterprobleme oder Schmerzen in der Vorhand können dem Herz-Hund ebenfalls Schwierigkeiten bereiten. Die Bällchen-Spiele mit dem abrupten Stoppen und den Scherkräften bei den engen Wendungen tun ihr Übriges.

Fazit: Der Feuer-Typ
Gesucht wird: Germany's Next Topmodel! Der Feuer-Hund symbolisiert die Schönheit, aber Diva und Wahnsinn zugleich dazu. Wer Genie und Wahnsinn mag und als Besitzer besonnen reagiert, dem Feuer-Hund ausreichend Bewegung und eine Aufgabe verschafft, wird mit einem Clown belohnt, der ihm fröhlich und mit Showeinlagen den Tag versüßt. Kuscheln steht bei diesen Hunden hoch im Kurs. Der Herz-Hund sucht die Nähe seines Besitzers. Aber in jedem geschwächten Herz-Hund kann auch ein überschlagendes Feuer ausbrechen, er ist schnell gestresst und kann mit Panik reagieren, was ihn manchmal unkontrollierbar macht. Die Herz-Energie gilt es zu bewahren und beizeiten zu kühlen, dann ist ein gesundes und harmonisches Leben dem Strahlemann unter den Hunden sicher. Siehe bekannte Redewendungen wie: *»Das Herz auf der Zunge tragen«*

Die Wandlungsphase Erde

Die Energie der Erde mit dem Organpaar Magen und Milz bewirkt das Aufnehmen, das Verdauen und damit Analysieren, Verwenden und das Weitergeben der Nahrung. Zusammen mit der Atemluft und damit der Lunge sorgt die Erde für die Energiegewinnung. Diese Gesamtenergie wird dem Körper nach Verarbeitung zur Verfügung gestellt. Sie bildet nach Auffassung der TCM auch das Blut und die weiteren Substanzen und unterstützt alle anderen Elemente.
Sie ist das Zentrum, um das sich alles bewegt, von dem gezehrt wird. Kränkelt sie, so haben die anderen Elemente keinen Pol, um den sie sich drehen können, der sie zusammenhält. Daher ist die Erde auch in jedem Element vorhanden. Im Jahresverlauf gibt die Erde beim Wechsel der Jahreszeiten ihre Energie unterstützend in das betreffende Element ab. Ist die Erde schwach, kommt es in dieser Zeit vermehrt zu Verdauungsstörungen.
Die Erde steht für Beständigkeit, für Harmonie und Zentrierung. Es ist die Zeit der Ernte, des Einsammelns und Einlagerns der Früchte. Alles verlangsamt sich nun etwas und Harmonie stellt sich ein.

Der Erde-(Pi)-Typ

Psyche und Sozialverhalten
»Der Hund ist der beste Freund, den ein Mensch haben kann«, sagte Voltaire. Sicher trifft das auf alle freundlichen Hunde-Typen zu, auf das Erd-Element passt es einfach immer. Ohne Ausnahme. Der Milz-Typ ist stets zuverlässig, treu, geduldig und lieb. Er mag vielleicht auch ein paar Grenzen haben, aber wenn es ihm zu viel wird, steht er auf und legt sich halt woanders hin. Er liebt Kinder und die Kinder lieben ihn. Ich habe beim Milz-Typ immer Astrid Lindgrens »Bootsmann« im Kopf, den Bernhardiner aus der Geschichte »Ferien auf Saltkrokan«. Aber es kommen natürlich auch andere gemütliche und freundliche Rassen in Frage.
Der Milz-Typ ist überaus verträglich, mag keinen Streit, geht Rangeleien aus dem Weg. Er könnte, wenn er wollte, aber er ist einfach zu lieb. Dennoch steht er nicht zwangsläufig am Ende der Rangordnung, wenn man mehrere Hunde hält. Er lässt sich nicht unterbuttern. Als Stoiker nimmt er sich meist alles, was er möchte. Dabei ist er aber immer freundlich und warten kann er auch. Nur wenn es um`s Futter geht, da kann er durchaus mal ungeduldig werden. Der Milz-Typ ist ständig auf der Suche nach Fressbarem, für ein Leckerli macht er auch Kunststücke.
Seine Gemütlichkeit kann ebenso als Faulheit interpretiert werden. Er liegt viel herum, gerne mitten im Weg, denn dabei zu sein ist ihm wichtig. So findet man ihn durchaus mitten im Kinderzimmer zwischen Legosteinen, schnarchend vor dem Kamin, in Warteposition vor dem Kühlschrank, ganz gleich, wie turbulent es gerade in der Küche zugeht.

Keks mitten im Kinderzimmer.

Aber so sorglos und fröhlich ist er nicht immer, auch wenn sein Frohsinn genetisch verankert zu sein scheint. Der Erd-Typ macht sich viele Gedanken, gerät gerne mal ins Grübeln, wenn er spürt, dass etwas im Argen liegt. Wenn die Harmonie um ihn herum ins Wanken gerät, kann er still leiden. Seine Augen bekommen diesen »Kummer-Blick«. Also nicht täuschen lassen, auch ein Milz-Typ kann traurig sein, wenn er sich nicht geliebt fühlt oder seine Liebsten krank sind. Muss er während des Familienurlaubs in eine Hundepension, braucht er Zeit und viel Fürsorge von den Betreibern, denn ohne seine vertraute Umgebung und seine Familie fühlt er sich erst einmal verloren.
Ein Milz-Typ eignet sich hervorragend zum Therapiehund. Geduld und Liebenswürdigkeit sind seine herausragenden Qualitäten.

Trainingstipps

- Er ist nicht der Sportlichste, daher sind Agilitiy-Spiele oder andere Power-Sportarten nicht geeignet.
- Trotzdem sind ausgedehnte Spaziergänge wichtig, da er leider schnell zu Übergewicht neigt. Unbedingt auf ausreichend Bewegung achten, auch wenn der Hund keine große Lust zeigt. Ist der Erde-Motor einmal an, läuft er lange und gerne.
- Der Erde-Typ lernt langsamer. Haben Sie bitte Geduld. Dafür vergisst er dann auch nie wieder etwas. Einmal gelernt – für immer gespeichert. Wie ein Elefant.
- Für Leckerchen tut er fast alles. Bestechung (bitte auf den Fettgehalt der Belohnungshappen achten) ist erlaubt und der Milz-Typ macht dann um so lieber mit.
- Wegen seiner Verträglichkeit und Anpassungsfähigkeit kann er eigentlich überall hin mit, aber auch hier gilt: Den Hund nicht überfordern.
- Alleine bleiben kann er augenscheinlich ganz gut, aber es widerstrebt seinem Harmoniewunsch sehr, er zeigt es aber nicht großartig.

Er strahlt Ruhe und Geborgenheit aus, da es nicht viel gibt, was ihn aus der Reserve lockt.
Der junge Erd-Typ zeigt seine Freude bedingungslos. Wenn ich mein Patenkind besuche, dann flippt Keks bei meinem Eintreffen vor Freude aus. Nach kurzer Zeit ist dann wieder Ruhe und Keks legt sich unter meinen Stuhl oder schnarcht unter dem Tisch. Sobald allerdings sein Name fällt, ist er wieder hellwach und wedelt erwartungsvoll. Also denken Sie daran: Auch ein schnarchender und völlig in sich ruhender Milz-Typ bekommt alles mit.

Körperliches Erscheinungsbild

Der Milz-Typ ist der weiche, eher untrainierte Hund, der gemütlich und locker wedelnd neben seinem Frauchen oder Herrchen herläuft.
Er hat meist ein dichtes Fell, welches manchmal talgig sein kann. Er neigt auch zu Liegeschwielen, besonders am Ellbogen. Sein Ausdruck ist ruhig bis träge, seine Augenlider können mitunter etwas hängen. Sein Maul ist groß und weich, die Lefzen wellig und faltig. Er hat diesen ruhigen, treuen und warmen Blick, der leicht ins Traurige und Nachdenkliche rutschen kann. Der Erd-Typ produziert viel Speichel.

Auch mit einem Milz-Typen kann man allerhand Unsinn anstellen.

Keks in Action, er ist nie schlecht gelaunt.

Das viele Sabbern ist in der Regel kein Anzeichen einer Krankheit.
Der Milz als Yin-Erd-Element ist die Körperform zugeordnet, sie zeigt sich in der Körperfülle und Statur. Der Milz-Typ neigt zu Übergewicht, so ist er meist an der nicht vorhandenen Taille zu erkennen. Dafür sind in der Regel seine Gemütlichkeit und Fresslust und sein nachsichtiger Besitzer verantwortlich.
Wenn sein Umfeld passt, ist der Milz-Typ durchaus lebhaft. Wehren kann er sich auch, ist aber sofort wieder entspannt. Entspannt trifft die Beschreibung seines Zustands fast immer.

Das Erd-Element in Disharmonie

Mögliche Krankheiten und Dispositionen
Übergewicht ist ein großes Problem des Milz-Typs. Bereits ein paar Kilo zu viel auf der Waage stellen ein erhebliches Gesundheitsrisiko dar. Arthrose und rheumatische Erkrankungen machen ihm dann bereits in jungen Jahren das Leben schwer.
Der Stoffwechsel des Milz-Typs scheint tatsächlich etwas langsamer zu sein, er hat dadurch nicht nur mit Kälteempfindlichkeit und müder Muskulatur zu kämpfen, er leidet auch mitunter an Verdauungsschwäche, Durchfall, Erbrechen und Blähungen. Er sucht die Wärme und ist bei nasskaltem Wetter häufiger krank. Seine Gliedmaßen sind dann kalt, er ist antriebslos, selbst sein Appetit kann dann verschwinden. Beim Milz-Typ ist letzteres immer ein Alarmsignal!
Wenn die Milz-Energie schwach ist, kann der Körper die Nahrung nicht mehr richtig umwandeln, die Energiegewinnung sinkt, die Speicher werden nicht mehr aufgefüllt, die Feuchtigkeit wird nicht richtig umgewandelt, es kommt zu übermäßigem Speichelfluss, Durchfall, Muskelschwund und großer Müdigkeit. Der Frohsinn des Hundes schwindet, er wird immer apathischer. Ein Zuviel an Feuchtigkeit macht schlapp und schläfrig. Die Abfallstoffe, die beim Verdauungsvorgang anfallen (sogenannte »Schlacken«, nicht der Kot), werden nicht richtig entsorgt, sie lagern sich im Bindegewebe ein, können Ödeme und Lipome bilden oder zu Faszienverklebungen führen. Der Milz-Typ wird also immer steifer und träger.
Auf Grund des etwas langsameren Stoffwechsels und der Organzugehörigkeit kommt es beim Erd-Element auch zu

Diabetes oder Pankreasentzündung oder -insuffizienz. Der Hund sollte schon allein aus diesen hier aufgeführten Gründen nicht fettreich ernährt werden, Zucker und sonstige Kohlenhydrate sollten nur sparsam im Napf landen. Auch die Schilddrüsenunterfunktion ist eine typische Erd-Element-Erkrankung.

Adipositas ist beim Erd-Typ leider oft an der Tagesordnung. Diese Hunde nehmen viel schneller zu als andere Typen.

Auch im Erwachsenenalter scheint der Erde-Typ zu viel »Haut« zu haben. Die Rollen sind oft typisch, daher stets auf das Gewicht des Hundes achten!

Keks möchte noch einen Keks.

Fazit: Der Erd-Typ

Der zuverlässige und treue, stets freundliche Milz-Typ ist der ideale Familien- oder Therapiehund. Er ist ein ruhiger und verträglicher Vertreter, der Rangeleien aus dem Weg geht, Kinder liebt und gerne inmitten seiner Familie ist. Er strahlt diese herrliche Ruhe aus und der Satz: »Hunde können den Blutdruck des Besitzers senken«, trifft genau auf ihn zu. Mit seinem vertrauensvollen und warmen Blick wedelt er sich in die Herzen und weil er so lieb gucken kann, bekommt er auch oft und reichlich Leckerchen, für die er nahezu alles machen würde. Er ist kein Sportler, braucht aber regelmäßig Bewegung, damit er nicht zu moppelig wird. Er lernt langsam und verlangt Geduld in der Ausbildung, aber wenn er einmal etwas verstanden hat, vergisst er es nie wieder. Vorsicht: Milz-Typen leiden still. Sie verkörpern Harmonie, benötigen diese aber auch selber. Siehe bekannte Redewendungen wie: *»Gedanken erst verdauen müssen.« »Wenn Sorgen auf den Magen schlagen.«*

Die Wandlungsphase Metall

Das Organpaar Lunge und Dickdarm steht für Annehmen und Loslassen, für Offenheit und Abgrenzung, für Verbundenheit und Abwehr. Das Metall-Element verdeutlicht den Rhythmus des Lebens wie Atem und Verdauung oder den Wechsel von Sommer und vollem Leben zum langsamen Abschied und dem Fall der Blätter. Veränderungen anzunehmen fällt nicht immer leicht, doch Störungen in diesem Ablauf haben weitreichende Folgen auf Körper und Seele.

Die Energie des Herbstes ist eher nach innen gerichtet. So kann die verbleibende Energie gespeichert werden.

Auch das Immunsystem ist Teil des Metall-Elementes, es zirkuliert unter der Haut und ist unser Schutz vor eindringenden Keimen von außen. Ist diese Schutzbarriere gestört, können Keime ins Innere gelangen. Offenheit und Abgrenzung sind demnach körperliche sowie psychische Themen und eng miteinander verknüpft. Eine gesunde Abwehr ist flexibel in ihren Handlungen, damit sie das Öffnen und Schließen der Poren so anpassen kann, dass es zu unserem inneren und äußeren Schutz erfolgt.
Sich zu distanzieren hat nichts mit Unnahbarkeit zu tun, sofern es nicht zu krankhafter Introvertiertheit wird. Das Metall-Element ist eigenständig und abgeklärt, die dazugehörige Charaktereigenschaft ist die Weisheit, es ist offen für Neues und steht für klare Linien, es liebt Routine und Gerechtigkeit. Trauer ist die gegenteilige Emotion, auch Depression gehört dazu.
Passenderweise ist die Farbe der Trauer weiß. Der Geruch ist verrottet, der Geschmack ist scharf, der störende und krankmachende Faktor ist die Trockenheit, die Öffner der Wandlungsphase Lunge/Dickdarm sind die Nase und die Haut.

Der Metall-(Fei)-Typ

Psyche und Sozialverhalten

Der Metall-Typ ist ein schlauer, sehr lernfähiger und eigenständig arbeitender Hund. Er kann ein Einzelgänger sein. Dieses Tier liebt komplizierte Aufgabenstellungen, die

Cooper, ein echter Mantrailing-Profi.

er dann meist problemlos löst. Er ist ein eher unabhängiger Typ und arbeitet zielgerichtet. Er besitzt »Cow-sense«, den scharfen Verstand gepaart mit Ausdauer und Schnelligkeit, den Viehtreiber benötigen. Er ist aber auch ein geborener Fährtenleser oder Rettungshund, da er selbstständig arbeiten kann und eine unglaubliche Spürnase besitzt.
Er hat ein ausgeglichenes Temperament, doch Langeweile ist nichts für ihn. Er braucht Aufgaben, gerne besonders knifflige. Neues oder Fremdes wird zunächst aus der Ferne begutachtet und eingeschätzt, er handelt nie kopflos. Seine Abgeklärtheit und Ruhe verleihen ihm ein hohes Ansehen im Rudel. Streitigkeiten kann er nicht leiden, jedoch vertritt er seine Position und Ungerechtigkeiten werden von ihm nicht geduldet. Er liebt wiederkehrende Abläufe, daher ist ihm Routine im Alltag willkommen. Wenn etwas zu lange dauert oder nicht nach seinen Vorstellungen läuft, kann er ungeduldig werden.
Er liebt es, draußen zu sein, wenn er weit hinaus in die Ferne schauen kann. Manchmal sieht man ihn auf einem erhöhten Platz in Beobachtungsstellung liegen. So ruhig und gelassen das dann auch aussehen mag, ein Metall-Hund kann sich nur schlecht entspannen, irgendetwas erregt immer seine Aufmerksamkeit. Bewegung und Kopfarbeit lassen ihn runterfahren und machen ihn dann doch müde. Da seine Kondition der eines Marathonläufers ähnelt, ist er nach kurzer Zeit wieder fit. Sein Ehrgeiz ist groß und seine Nerven scheinbar aus Stahl.
Er sucht sich seine wenigen Freunde selber aus. Kuscheln ist ihm nicht so wichtig, er zieht den Abstand vor. Dennoch ist er kontaktfreudig. Dem Menschen gegenüber ist er zurückhaltend, er schenkt meist ein bis zwei Bezugspersonen sein Vertrauen. Für seine ausgesuchten Menschen geht er dann aber ohne mit der Wimper zu zucken durchs Feuer. Spielen ist ihm nicht wichtig, er arbeitet lieber.
Ihm schaden Druck, Stress und ungerechte Strafen. Er zieht sich dann sehr nach innen zurück, sondert sich ab und wird unnahbar bis trübsinnig. Er benötigt daher ein ruhiges Plätzchen, an dem er sich entspannen kann und darf.

Körperliches Erscheinungsbild

Der Metall-Hund ist eher unscheinbar, kein Strahlemann, aber auch kein Drückeberger. Er erinnert an einen Marathonläufer: drahtig, ausdauernd, extrem leistungsstark. Seine Muskeln sind nicht übermäßig ausgebildet, aber dennoch trainiert. Er ist meist schmal gebaut und oft eher mittelgroß. Er präsentiert sich nicht so wie ein Herz-Typ, aber er ist ein Kämpfer wie der Leber-Typ, nur mit mehr Köpfchen und Gehorsam.
Seine Augen sind besonders wachsam, seine Nase ist sehr beweglich und fein. Sein Gesicht ist meist lang gezogen, seine Rute lang und wird von ihm ruhig eingesetzt. Seine Sinnesorgane sind extrem gut ausgebildet. Durch sein enormes Konzentrationsvermögen und seine ständige Aufmerksamkeit neigt er zu Verspannungen. Durch ihre Ordnungsliebe und Diszipliniertheit bewegen sich diese Hunde oft vorsichtig und mit Bedacht. Ihr Gang ist in der Regel flach und unauffällig, nicht so tänzerisch wie beispielsweise beim Herz-Typ. Seine Schleimhäute sind meist schön rosa, aber eher trocken, die Zunge ist klein und fest.

Cooper und seine Besitzerin Conny bei der Arbeit.

Trainingstipps

- Der schlaue Professor unter den Hunden braucht anspruchsvolle Aufgaben, viel Kopf- und Nasenarbeit.
- Er ist der geborene Marathonläufer und benötigt viel Auslauf und lange Spaziergänge mit eingebauten Aufgaben.
- Spiele mit großen Hunderudeln sind nicht unbedingt seine Sache, er liebt es zu arbeiten, gerne auch eigenständig und unabhängig.
- Er verträgt keinen Druck, wird schnell ungeduldig, daher sind klare und gleichbleibende Ansagen wichtig für den Erfolg im Training.
- Er gibt immer 100 %, daher für nötige Pausen und Entspannungsphasen sorgen, in denen der Metall-Hund ausruhen kann.
- Das Mensch-Hunde-Team wächst durch gemeinsame Arbeit, nicht durch Spiele und Kuscheln
- Er ist bei der Arbeit ein Einzelgänger, das muss akzeptiert werden.

Das Metall-Element in Disharmonie

Cooper wirkt stets abgeklärt und irgendwie allwissend.

Mögliche Krankheiten und Dispositionen
Wenn das Metall-Element aus dem Gleichgewicht gerät, denkt man natürlich in erster Linie an Lungenprobleme, wie Atemwegserkrankungen (Husten/Asthma, Atemnot, Erkältung) oder an Obstipation (Verstopfung). Das ist natürlich richtig, denn da liegen die Schwächen des Funktionskreises. Annehmen und Loslassen bezieht sich auch auf die körperliche Ebene wie Atmung und Verdauung, hier kann es zu Störungen im gesunden Rhythmus kommen.
Doch auch eine Immunschwäche und schlechte Wundheilung gehören zu den möglichen Problemen. Das Wei-Qi (Abwehr-Qi) hat seinen Sitz im Darm und soll laut TCM unter der Haut zirkulieren. Dafür braucht es ausreichend Flüssigkeiten, denn trockene Schleimhäute und Gefäße verhindern das freie Fließen und einen ausreichenden Schutz.
Ein weiteres typisches Krankheitsgeschehen entsteht durch die Emotion »Trauer«. Veränderungen bedeuten für diesen Hunde-Typ Stress. Ein anderer Tagesablauf stört ihn genauso wie die Trennung von Liebgewonnenem, das kann den Metall-Hund tief im Inneren aus der Fassung bringen. Er leidet sehr, aber oft still und heimlich. Wie stark der Metall-Hund trauert, wurde bereits gesagt. Sein glänzendes Fell schwindet, er trägt den Kopf tief, als würde er eine schwere Last tragen. Manchmal folgen auf Hautkrankheiten Verdauungsprobleme, die Nase wird trocken, der Atem geht sehr flach.
Beide Meridiane von Lunge und Dickdarm führen an der Vorhand entlang. Die Dickdarm-Leitbahn führt über Ellbogen und Schulter bis hin zur Nase, daher bekommt der Lungen-Typ auch des Öfteren Probleme mit der Vorhand. Häufig ist die Schulter sehr verspannt oder die Pfotenballen reagieren schmerzhaft.
Beim Metall-Typ werden Krankheiten spät erkannt. Das liegt daran, dass er so leistungsbereit und arbeitswillig ist. Er zeigt Schmerzen oder Beeinträchtigungen nicht bzw. steckt sie einfach weg. Es obliegt also dem Besitzer, für ausreichende Pausen zu sorgen und regelmäßig den Gesundheitszustand gründlich überprüfen zu lassen.

Eigenständiges Arbeiten liegt einem Metall-Typ sehr.

Fazit: Der Metall-Typ

Er verkörpert gleich mehrere Eigenschaften: Er ist der unscheinbare Professor, der Marathonläufer, der Soldat und der Richter. Er ist nicht der Spieler, der überschwängliche Schmuser, aber er mag sein Rudel und ist dann gern gesellig und mittendrin. Sein Arbeitsbereich ist draußen, er hat den »Cow-Sense«, arbeitet gerne eigenständig. Er ist zuverlässig und der beste Mitarbeiter.

Doch Vorsicht: Druck, Veränderungen oder Trennungen machen ihm zu schaffen, er grenzt sich ab und verliert an Kraft. Er kann schlecht entspannen. Oft wird er in einem Hunderudel übersehen, weil er so unauffällig ist. Falscher Fehler, denn der Lungen-Typ ist ein treuer und stets ehrlicher Kamerad, der bereit ist, mit seinem Freund durchs Feuer zu gehen. Siehe bekannte Redewendungen wie:
»Wenn vor Kummer die Luft wegbleibt.«
»Das geht unter die Haut.«

Die Wandlungsphase Wasser

Das Wasser-Element ist dem Funktionskreis Niere und Blase zugeordnet. Diese Wandlungsphase gehört zur Jahreszeit Winter. Sie steht für das Ende, aber auch für den Neuanfang und das Sammeln von Lebenskräften. Der Ursprung des Lebens ist das Wasser, so sitzt auch in den Nieren laut der klassischen TCM die Lebensenergie, die das Tier zur Zeit der Zeugung erhält. Sie ist wichtig für Wachstum und Entwicklung. Im Winter, das heißt also in der Niere (in der TCM wird immer nur von der Niere als Funktionskreis gesprochen, gemeint ist nicht nur das Nierenpaar als Organ), wird demnach Energie bewahrt und gespeichert (unter anderem die Jing-Essenz), die dann das große Potential zur passenden Zeit abgeben kann. Ihr zugeordnetes Gewebe sind die Knochen und die Zähne, der Öffner der Energie sind die Ohren, die Emotion ist die Angst, aber ihre Stärke die Willenskraft. Ihre Energie ist abwärtsgerichtet, wie auch der Regen und der Schnee. Ihre Farbe ist blau bis schwarz, so wie die Tiefen der Ozeane. Ihre Bewegung ist langsam, denn Kälte lässt erstarren. Der Geschmack ist salzig, der Geruch modrig.

Der Wasser-(Shen)-Typ

Psyche und Sozialverhalten

Der Wasser-Typ braucht Halt und Sicherheit. Probleme in der Unterordnung gibt es mit ihm nur selten, da er eher unsicher ist und sich gerne an anderen orientiert. Da sein Selbstwertgefühl wenig ausgeprägt ist, braucht er die Bestätigung und das Lob seines Besitzers. Sind mehrere Hunde im Haushalt, ist es wichtig darauf zu achten, dass der Wasserhund nicht gemobbt wird und ausreichend Ruhe findet. Hier muss der Besitzer ggf. schützend eingreifen. Auch ist darauf zu achten, dass er im Rudel sein Futter abbekommt, dieses wird ihm sonst schnell streitig gemacht und er muss zuschauen, wie die anderen ihm seine Mahlzeit wegschnappen.

Higgins, ein Vertreter des Wasser-Elementes.

Dieser gefällige Hunde-Typ macht einem die Erziehung meist leicht, einerseits, weil er immer gefallen möchte, andererseits, weil er sehr feine Antennen besitzt und dadurch schnell und gut reagiert. Ist die Bindung zu einem Wasserhund erst einmal da, hat man das Gefühl, man könnte sich nur mit Blicken untereinander verständigen. Ganz wichtig: Ein Wasser- bzw. Nieren-Hund wird schnell überfordert, ohne dass man es ihm sofort ansieht. Feingefühl ist hier seitens des Besitzers gefragt. Zeigen kann sich diese Überforderung in Unkonzentriertheit oder auch dann, wenn der Nieren-Typ mehrere Kunststückchen zeigt, obwohl sie gar nicht von ihm gefordert waren. Dann ist es wichtig, erst einmal Ruhe in die Situation zu bringen. Übersprungshandlungen zeigen Stress an.

Ruhe ist ein Schlüsselwort beim Wasser-Element. Da der Nieren-Hund schnell aus der Fassung gerät, eher aus Unsicherheit und nicht durch Überdrehtheit, ist es für den Besitzer umso wichtiger, souverän und ruhig zu agieren. Dem Nieren-Hund sollte seine Ängstlichkeit zugestanden werden, das schützt ihn vor Überforderung. Moderates Angstbewältigungstraining ist wichtig und sollte immer mit Bedacht und in »Häppchen« geschehen. Dass Gewitter und Silvester schon mittlere Katastrophen für ihn darstellen, sollte klar sein. Keinesfalls darf man ihn für sein Verhalten bestrafen. Alleinsein ist auch nicht sein Ding. Man kann es gut dosiert üben und wenn der Wasser-Typ Vertrauen genug hat, kann er auch einige Zeit zu Hause alleine bleiben. Er ist generell lieber mit seinem Rudel gemeinsam unterwegs, noch schöner ist es für ihn, wenn alle seine Liebsten bei ihm daheim

Dem Wasser-Typen ist so manches nicht geheuer.

sind. Eine unbekannte Umgebung, Lärm oder eine unbequeme und harte Unterlage mag er nicht.

Tierarztbesuche können für den Wasser-Typ zu einem Albtraum werden. Seine Angst kann sich bis zu Panik steigern. Stresshaaren und Durchfall mitten in der Praxis sind nicht selten. Fasst der Wasser-Hund Vertrauen zum Therapeuten, dann arbeitet er gerne mit.

Seine Sozialverträglichkeit gilt nicht nur für Artgenossen, auch anderen Tieren gegenüber ist er stets freundlich und zurückhaltend. Manchmal ergeben sich Freundschaften zu anderen Tieren, wie bei uns zum Beispiel zu der Katze oder auch zu

Higgins und unser Haubenhuhn Sprotte.

manchen Hühnern. Generell fängt ein Wasser-Typ keinen Streit an, er geht Kämpfen aus dem Weg und ist froh, wenn alle wieder freundlich gestimmt sind. In der Rangordnung ist er irgendwo in der Mitte. Wenn der Wasser-Typ in seinem Element in Harmonie ist, dann ist er ein freundlicher und auch besonders fröhlicher Hund, der gerne mit seinen Menschen zusammen ist.

Trainingstipps

- Wasser-Hunde werden durch Erfolge z.B. beim Fährtentraining gestärkt. Sie benötigen viel Zeit und Geduld bei Ungewohntem, profitieren von einem sicher auftretenden Halter, brauchen aber dafür nicht lange beim Erlernen der Leinenführigkeit oder beim Abruf.
- Sie sind sehr lernbegierig und lieben Kunststückchen.
- Der Jagdtrieb ist verhältnismäßig schwach ausgeprägt.
- Auch spiegeln diese Hunde ihre Besitzer schneller und sorgen sich oft um deren Wohl. Zu einem Wasser-Hund bekommt man eine sehr tiefe Bindung, er ist emotionaler und sehr sensibel.
- Der Wasser-Typ ist zu 100 % immer eines: ungewöhnlich.

Higgins und Uschi beim gemeinsamen Gassi-Rundgang.

Sehnsüchtig wartet Higgins auf den Schulschluss.

Er ist ein toller und treuer Weggefährte, und wenn es darauf ankommt, beschützt auch ein Wasser-Typ sein Rudel, mit allem, was ihm zur Verfügung steht. Er ist ein guter Wachhund und schlägt an, wenn sich Fremde dem Haus nähern. Hinterher ist er dann aber froh, wenn sich der vermeintliche Einbrecher doch nur als das Herrchen herausstellt.

Körperliches Erscheinungsbild

Der Wasser-Typ ist meist ein athletischer Typ und gut bemuskelt. Er hat viel Ausdauer, die durch Stress und Angst aber schnell schwinden kann.
Wasser-Hunde haben häufig große Augen und zum Teil auffällige Ohren, was ihm in dieser Kombination oft einen sorgenvollen Ausdruck verleiht. Er kann besonders gut beobachten und hören und hat, wenn er in Harmonie mit seinem Element ist, einen besonders weichen und warmen Blick.
Sein Fell ist meistens kurz und die Haut weich, beinahe zu weich, denn sie ist recht anfällig für Verletzungen, die dann nur langsam heilen.

Seine Fesseln und sein Gesicht sind häufig eher länglich, auch die Rückenpartie ist lang gezogen. Sein Rücken sollte stets warmgehalten werden, in diesem Bereich neigt er zu Verspannungen und Schmerzen.
Kälte ist für den Nieren-Typ generell furchtbar und in Kombination mit Nässe ein Graus. Ein warmer Mantel, der auch vor Regen schützt, sollte ihm in der fiesen Jahreszeit angezogen werden. Auch wenn es ein großer stattlicher Kerl sein sollte, er friert. Wie gesagt ist seine Haut dünn, meist hat er wenig Fettmasse und die Unterwolle fehlt auch. Wenn man ihn zittern sieht, ist es schon zu spät.
Im Normalzustand ist die Zunge des Nieren-Typs eher schmal und hell, manchmal mit weißem Belag im hinteren Bereich.
Die Schleimhäute sind, dort wo sie nicht

Kälte und Schnee oder Regen sind nicht sein Ding.

Higgins in vollem Saft. Auf diesem Foto ist er ungefähr acht Jahre alt. Er hat eine gute Muskulatur, gesunde Zähne und viel Power.

pigmentiert sind, auch auffallend hell. Sein Puls ist eher tief und schwach bis weich. Die Zähne gehören zum Funktionskreis Niere und spiegeln den Ist-Zustand des Elementes. Seine Stimme ist sehr hell und welpenhaft, bei Freude oder Panik quietscht er allerdings. Bei Stress und Ärger kann die Stimme aber dann schon mal recht bedrohlich wirken. Der Nieren-Hund mag keinen Lärm. Obwohl er sehr kinderlieb ist und behutsam mit ihnen umgeht, geht er bei wilden und lauten Kindern sofort weg. Der Besitzer sollte ihm immer eine ruhige Ecke einrichten, in die er sich zurückziehen kann.

Das Wasser-Element in Disharmonie

Mögliche Krankheiten und Dispositionen
Angst ist beim Nieren-Typ das größte Thema, sie begleitet ihn ein Leben lang. Ist aber die Niere in ihrem Element schwach, kann die Angst das Leben bestimmen und die Lebensqualität des Hundes enorm schwächen. Ob bei Begegnungen mit anderen Hunden, beim wöchentlichen Besuch der Müllabfuhr oder wenn der Staubsauger durch das Haus spukt: Der Wasser-Hund will angsterfüllt die Flucht ergreifen. Das geht vom »Auf den Arm wollen« bis zum panischen Davonlaufen. Da ist viel Geduld vom Besitzer gefragt, um dem Hund wieder Sicherheit zu vermitteln. Die Angst wirkt sich natürlich auch im Körper aus und bringt das vegetative Nervensystem ins Wanken. Stresshormone, Konzentrationsschwäche, Verdauungsstörungen, Immunschwäche und Muskelverspannungen sind nur wenige Beispiele, wie sich Angst im Körper spiegelt. Die Nebenniere kann irgendwann schwächeln und zu Morbus Addison führen, leider unter den Wasser-Typen eine weit verbreitete Erkrankung, die oft zu spät erkannt wird. Wie bereits erwähnt, sind die Knochen und die Zähne das dazugehörige Gewebe des Wasser-Elementes. Ein Wasser-Hund kann im Alter zu Arthrosen und Zahnstein oder Zahnverlusten neigen, wenn die Niere als TCM-Element schwach wird. Aber auch ein junger Wasser-Hund kann bei angeborener Schwäche in diesem Element sehr früh zu Knochenveränderungen und Zahnproblemen neigen, sofern diese nicht fütterungsbedingt sind. In der Niere sitzen die Lebensenergie und die Zeugungskraft, die es zu bewahren gilt. Mancher Hund wird taub geboren (die Niere öffnet sich in den Ohren), hier ist vermutlich schon bei der Zeugung die Lebensenergie der Eltern zu gering gewesen, bzw. das Wasser-Element sehr schwach.
Auch zu früh durchgeführte Kastrationen (vor der ersten Läufigkeit oder unter einem bis eineinhalb Jahren), können sich auf die Entwicklung der Knochen, Zähne und Nieren-Stärke auswirken. Oft beobachtet man bereits Knochendegenerationen und Inkontinenz im mittleren Alter, da dem Körper laut der TCM zu früh die Nieren-Energie entzogen wurde. Dies gilt übrigens für jedes Element!
Der Rücken, besonders im hinteren Bereich, ist kälteempfindlich und neigt zu Spondylosen oder anderen degenerativen Erkrankungen. Hier liegen auch die Blase und die Nieren, die bei Kälte besonders anfällig sind. Blasenentzündungen sind nicht selten zu beobachten. Urintröpfeln oder nächtliche Inkontinenz sind ebenfalls mögliche Begleiterscheinungen im Alter, die aber hervorragend mit der Akupunktur und

Higgins und meine Tochter Leonie, beide warm eingepackt.

Der Wasserhund ist ein treuer Weggefährte.

Kräutern behandelt werden können. Die Muskelverspannungen im Rücken rühren meist vom Stress und der Angst her, Wärme und Entspannungsmassagen in ruhiger Atmosphäre helfen hier gut. Wasser-Typen leiden oft unter schwachen Knien. Wasserkrankheiten sind kältebedingt und werden durch die Schwächung der Lebensenergie meist schnell chronisch.

Fazit: Der Wasser-Typ

Der Wasser-Typ ist ein Hund mit großem Herz, scharfem Verstand, feinen Sinnen, er sieht alles, ist absolut friedfertig und vorsichtig, lernt schnell und ist gerne daheim oder an der Seite seiner Liebsten. Er hat diverse große Ängste und manchmal Tics, braucht deswegen Sicherheit seitens des Besitzers.

Durch seine gefällige Art ist er leicht zu erziehen und macht eigentlich nie Ärger. Gesundheitlich sollte man auf die Knochen, Zähne und Blase achten. Allergien können eine Rolle spielen, da Angst das Immunsystem schwächt. Alles in allem ein liebenswerter Hund, der seinen Besitzern sehr nahekommt und mit dem man einen treuen Begleiter an seiner Seite hat. Wenn er in seiner Mitte ist, hat er in der Regel gute Laune. Er ist sehr leistungswillig, wenn ihm nicht die Angst im Weg steht. Siehe bekannte Redewendungen wie: *»Vor Angst in die Hose machen.« »Jetzt mal die Zähne zusammenbeißen!« »Die Angst steckt in den Knochen.«*

Misch-Typen

Nicht immer sind die Charaktereigenschaften der Typen klar voneinander abgegrenzt, oft sind Überschneidungen oder gemischte Varianten zu erkennen. Das kann gut oder weniger gut sein, denn mal ist es eine Mischung von angenehmen oder passenden Eigenschaften, mal sind ungesunde oder »anstrengende« Merkmale vereint. So kann der Körperbau eines Leber-Typen auf den Erde-Charakter stoßen, oder eben andersherum. Allerdings bedeutet es nicht, wenn ein Leber-Typ Verdauungsstörungen hat, dass er ein Misch-Typ Leber-Milz, also die Elemente Erde und Holz vermischt sind, sondern der Holz-Typ hat möglicherweise Störungen oder Erkrankungen im Verdauungsapparat und eine Schwäche des Erd-Elementes. Denn jeder Typ trägt alle Elemente in sich. Oder ein Metall-Typ hat Schmerzen im hinteren Bereich, dafür können eine Spondylose oder auch Verspannungen verantwortlich sein, ohne dass ein Mix aus Wasser und Metall vorliegt. Das Hauptaugenmerk bei der Bestimmung der verschiedenen Typen liegt zuallererst auf den Charaktereigenschaften der Hunde, an zweiter Stelle dann erst auf dem Körperbau und möglichen Krankheiten, die schon früh erkennbar werden. Generell kann jeder Typ jede Krankheit bekommen, ganz ohne Elemente-Zugehörigkeit, auch scheinen sich mit zunehmendem Alter die Erkrankungen zu ähneln, das ändert jedoch nichts am Typ selber. Hier kommen ein paar Beispiele.

Bosse, ein Leber-Holz-Typ.

Rudi, der coolste Dackel der Welt.

Rudi, ein Rauhaardackel und Familienhund, auch eine Mischung aus Erde und Holz.

Der Erde-Holz-Hund

Dieser Misch-Typ ist meist ein freundlicher Vertreter, der Dank des Erd-Einflusses nicht so griesgrämig gelaunt ist, aber dennoch mag er nicht alles und hat so seine Eigenheiten, die man ihm lassen muss. Wenn ihn etwas stört, dann kann das zu Erbrechen, Sodbrennen und Nahrungsmittelunverträglichkeiten führen. Häufig greift die Leber die »Mitte« an, damit ist der Einfluss von Stress und Ärger auf den Verdauungstrakt gemeint. Kennt beinahe jeder Hundebesitzer, denke ich. Positiv an diesem Misch-Typ ist die Energie, die dem Milz-Typ sonst so abgeht, er ist agiler und spielt sehr gern. Seine Muskeln sind fester, dennoch kann auch er schnell zu dick werden.

Die softe Version des wettkampfliebenden Holz-Typen, freundlich, athletisch, ausdauernd und trotzdem immer hungrig. Ein toller Hund, unkompliziert und gut drauf.

Der Metall-Wasser-Hund

Wir haben hier einen sehr schlauen Hund, der dank des Metall-Einflusses seine Ängste viel besser im Griff hat. Auch ist die Zugewandtheit zum Menschen größer, denn der Wasser-Typ kuschelt gerne. Er ist leistungsstark, hat eine hervorragende Muskulatur und ist dabei nicht ganz so übereifrig und möchte auch nicht alle gelernten Kunststücke gleichzeitig zeigen. Auch die Eifersucht des Wasser-Hundes ist nicht mehr so

Die bildschöne Hey Hey, ein typischer Vertreter des Mischtypen von Metall und Wasser

Hey Hey wartet warm eingepackt in der Reithalle, während die Besitzerin Reitunterricht gibt.

Toxi, eine Brandel-Bracke, ein Misch-Typ aus Holz und Metall, genießt den schönen Ausblick.

auffällig. Diese Hunde haben oft einen sehr langen Rücken, was sie anfällig für Rückenprobleme macht. Pausen sind bei ihnen von großer Bedeutung.
Ein geselliger, gerne kuschelnder Professor oder Polizist. Er ist ein Langstreckenläufer, sehr kälteempfindlich und hat möglicherweise eine kleine Immunschwäche. Autoimmunerkrankungen sind bei diesem Typ häufig zu finden.

Der Holz-Metall-Hund

Dieser Hund ist klug, mutig und dominant. Er setzt sich immer durch, manchmal auch etwas deutlicher, aber stets kontrollierbar. Seine Kondition ist unglaublich, auch da

macht ihm niemand etwas vor. Er neigt stark zu Verspannungen, wenn er sich ärgert. Er kann alles, sieht alles, behält immer den Überblick. Er ist nicht so cholerisch wie der reine Leber-Typ, denn der Lungen-Einschlag lässt ihn besonnener handeln. Seine Aktionen sind nicht ganz so waghalsig und auch die Selbstüberschätzung ist kein Thema mehr. Der Hund ist generell freundlicher. Ein Typ für alle Fälle, ein unglaublich guter Arbeitshund und Jagdpartner.
Der Siegertyp, ein hervorragender Jäger, der Muskelprotz mit Duracell-Leistung, der mitunter schon mal kurz schlechte Laune bekommt, aber verlässlich seinen Job erledigt und kontrollierbar bleibt.

Der Feuer-Wasser-Hund

Eine spannende Mischung, um es vorsichtig auszudrücken. Man könnte meinen, sein hitziges Temperament könne durch die Kühle des Wassers etwas abgeschwächt werden. Das wäre durchaus von Vorteil. Manchmal hat man Glück und erlebt genau dieses, wenn sich beide Temperament-Arten in Harmonie die Waage halten, doch meist gibt es bei diesem Misch-Typ Probleme. Nämlich wenn sich Ängste anbahnen und der Besitzer quasi zuschauen muss, wie sich sein Hund kopflos in etwas hineinsteigert, davonrennt und nicht zu halten ist. Wenn aus Angst gefährliche Situationen entstehen und im Anschluss durch Panik und Hysterie die Wohnungseinrichtung neu sortiert werden muss. Es werden viele Hundeschulen besucht, verschiedene Trainingsmethoden ausprobiert, selbst Blutbilder und andere Untersuchungen durchgeführt, doch nichts hilft wirklich. Es ist schlimm, das mit anzusehen, denn der Hund leidet sichtbar. Einen Tag darauf scheint wieder alles vergessen und er sitzt gemütlich zwischen der Familie auf dem Sofa. Bis zum nächsten Ereignis, in Form eines Müllwagens oder anderer Ungeheuer. Der Sympathikus (siehe Seite 91 ff) ist schnell »angeschmissen« und fährt leider nur sehr langsam wieder herunter, meist bleibt er dominant. Die Stresshormone sind oft dauerhaft erhöht und die Verdauung macht laufend Probleme.
Ein Hund wie Panic-Paule gepaart mit Roadrunner-Qualität, kopflos und voller Angst, gleichzeitig ein so lieb drein guckender Hund, dem man einfach nicht böse sein kann.

Tammie, eine Mischung aus Wasser und Feuer.

Anmerkung zu diesem Misch-Typ: Viele Tierschutz-Hunde erinnern an diesen Mix aus Wasser und Feuer. Sie haben verschiedene Traumata erlitten, körperliche wie seelische, die sich fest in ihnen eingebrannt haben. Viele Tierhalter von geretteten Hunden erleben diese hilflose Situation zu Beginn und kommen irgendwann mit viel Geduld, Liebe, Fürsorge und Training zu einer guten Mensch-Hunde-Beziehung. Möglicherweise. Dann kann es sein, dass sich rasch ein ganz anderer Typ herauskristallisiert bzw. sich ein anderer Typen-Einschlag ergibt. Doch meistens ist die Herz-Nieren-Achse eines Feuer-Wasser-Hundes tief verankert und im Ungleichgewicht. Mein Tipp: Lassen Sie bitte die Schilddrüsenwerte testen, füttern sie artgerecht ohne Hitze im Inneren zu erzeugen (dazu später mehr) und substituieren Sie möglicherweise Vitamin B und eine geeignete Kräutertherapie. Dies hat sich als sehr vorteilhaft erwiesen, denn wenn die Kühlung im Körper durch zu lang anhaltende starke Hitze fehlt, kann das schwere Folgen für den Hund haben. Sodbrennen, Magenschleimhautentzündungen sind da erst der Anfang, irgendwann ist die Nieren-Energie und damit die Lebensenergie erloschen.

6.

Wie unterstütze oder stärke ich das ELEMENT?

Das Wissen um die Elemente-Zugehörigkeit kann man sich zunutze machen, indem der Hund, mal abgesehen vom besseren Verständnis für so manche Eigenheiten, mit Hilfe von der typengerechten Ernährung und passenden Kräuterzusätzen sinnvoll unterstütz wird. Für jedes Element gibt es entsprechende Nahrungsmittel, die die jeweilige Wandlungsphase ins Gleichgewicht bringen können.

Die traditionelle chinesische Medizin ruft keineswegs zu einer einseitigen Ernährung auf, in der nur die dem Element zugehörigen Nahrungsmittel gegessen werden dürfen. Sie sollte den Großteil ausmachen, sofern nicht irgendwelche Unverträglichkeiten vorliegen. Die klare Empfehlung lautet: Füttern Sie bunt! Nach Möglichkeit sollten alle Elemente in einer Mahlzeit vereint sein. Inklusive Tee zur Verdauung und gerne noch ein warmes Frühstück. Das ist natürlich nur schwer auf unsere Hunde übertragbar. Hunde sind Impulsfresser, sie brauchen, wenn sie gesund sind, nur ein bis zwei Mahlzeiten am Tag und weder Ingwer- noch Leber-Tee zur Verdauung.

Dennoch ist es sinnvoll, sich Gedanken über artgerechte Fütterung zu machen, die nach Möglichkeit typengerecht erfolgt und den Hund individuell unterstützt. Die Ernährung nach den fünf Elementen kann bei Erkrankungen, die nicht nur den Verdauungstrakt betreffen, ausschlaggebend für die Heilung sein. Es ist sinnvoll bei Yang-Mangel und Kälte-Krankheiten, wie Arthrose oder Rückenschmerzen, thermisch warmes Essen zu sich zu nehmen. Mit »thermisch warm« ist hier nicht aufgewärmtes Dosenfutter gemeint, sondern die thermische Eigenschaft eines Nahrungsmittels.

Higgins

So ist die Gurke, die Zucchini oder die Gerste wie auch Putenfleisch eher kalt, der Hafer und der Kürbis, wie auch das Wild- oder Lammfleisch in seinen Eigenschaften eher warm. Aus diesem Grund kann es durchaus Sinn machen, ein hitziges Temperament nicht noch durch das Futter anzuheizen, sondern durch mild-kühlende oder neutral-wirkende Nahrungsmittel zu lindern. Nun wird eine ADHS-Problematik oder ein aggressives Temperament sicher nicht mit Hilfe einer Gurke geheilt, das kann die Ernährung niemals alleine schaffen, aber es ist von Vorteil, nicht noch Brandbeschleuniger zuzufüttern und auf gute Substanzbildner zum Kühlen zu setzen.
Sie kennen das vielleicht: Manche Nahrungsmittel bringen Sie zum Schwitzen, treiben Ihnen die Schweißperlen auf die Stirn. Andere Lebensmittel fühlen sich wohltuend warm und gut im Bauch an.

Kühlende und teils nährende Nahrungsmittel.

Wieder andere, wie Eis oder Salat, können Bauchweh verursachen. Es kommt hierbei auf den Zeitpunkt und die äußeren Einflüsse an, wie Sommerhitze oder Regen und Temperaturen um die 2 Grad, sowie die körperliche innere Verfassung. Viele Menschen vertragen Salat mit Essig auf nüchternen Magen problemlos, andere eben nicht.
Viele essen gerne scharf, andere bekommen Schweißausbrüche und Bauchschmerzen. Ein Gänsebraten oder eine Rehkeule schmecken im Winter besser, ein frischer bunter Salat mit Putenbruststreifen wird eher im Sommer gegessen (sofern Sie nicht Vegetarier oder Veganer sind natürlich). So erklärt sich, warum nicht jedes Essen, zu jeder Zeit, von jedem vertragen wird.

Die Grundlagen der 5-Elemente-Ernährung für Hunde

Das besondere Augenmerk der 5-Elemente-Ernährung liegt zum einen auf der Stärkung der Mitte (Milz/Pankreas und Magen) und dem Erhalt des Nieren-Yangs (Verdauungsfeuer, Wärme und Jing-Essenz), zum anderen auf der Besänftigung und dem freien Fluss der Leber-Energie.
Wir erinnern uns: Die Milz (in der TCM gehört der Pankreas mit dazu) ist die zentrale Mitte, um die sich alles dreht und die für alle anderen Organe die Energie Qi bereitstellt, indem sie die aufgenommene Nahrung transformiert und transportiert und dann in Qi und Blut (XUE) umwandelt. Zusammen mit der Lunge, die den Atem aufnimmt, ist die Milz das einzige Organ,

Nahrungsmittel haben alle eine spezielle Wirkung auf den Organismus.

das zur Energiegewinnung beiträgt, damit auch die Ur-Energie, das Jing (Essenz), geschützt und nicht so schnell verbraucht wird. Aus diesem Grund sind in China Fastenzeiten eher unüblich, denn der Körper sollte nach Ansicht der Chinesen immer Energie zugeführt bekommen.

Die Nahrung kann heilen, sie kann aber auch krank machen. Abhängig von der Konstitution, der Disposition des Lebewesens und der Menge an aufgenommener Nahrung kann jedes Nahrungsmittel den Organismus stören und krank machen oder in Harmonie bringen. Bestes Beispiel »Fett«: In der Nahrung ist es in kleinen Mengen unentbehrlich, es versorgt den Körper mit Energie, sorgt für Aufbau und Form (kleine Fettdepots, also wirklich kleine, sind wichtig) und dafür, dass fettlösliche Vitamine (Vitamine A, D, E und K) aufgenommen werden können. Im Übermaß erzeugt es im Körper Hitze und Fülle, sowohl in den Fettschichten im Unterhautfettgewebe, den Polstern der Organe und den Gefäßen.

Aber nicht nur Bestandteile oder Nährstoffe (Proteine, Kohlenhydrate, Fette, Mineralien etc.) haben einen Einfluss auf den gesunden Organismus. In der TCM gibt es weitere Unterscheidungen und Eigenschaften, die die gesunde Ernährung mitbestimmen.

Auf die erstgenannten Unterteilungen wie Bestandteile und Nährstoffe werde ich in diesem Buch nicht gezielt eingehen können, das würde den Rahmen sprengen. Dafür gibt es gute Literatur (Empfehlungen im Anhang).

Lucky Luke hat eigentlich immer Hunger.

Ich werde sporadisch bei den Erkrankungen und den dazugehörigen Nahrungsempfehlungen darauf eingehen.
Einteilungen der Nahrungsmittel in der TCM, die durch bestimmte Parameter zu unterscheiden sind:

1. Die Thermik (kalt, kühl, neutral, warm und heiß; Yin bis Yang)
2. Die Geschmäcker (sauer, bitter, süß, scharf und salzig)
3. Nährende Nahrungsmittel (befeuchtend, sammelnd, zusammenziehend, aufbauend und stärkend, Energien sind nach innen gerichtet): Yin stärkend
4. Verteilende Nahrungsmittel (Öffnen der Poren, Verteilen von Energien nach oben und außen; entgiftend, austreibend)
5. Stagnation (Blockaden) lösende Nahrungsmittel, deren Energien abwärtsgerichtet sind, also abführend wirken
6. Reaktionen auf Geist, Seele und Psyche (besänftigend, beruhigend, Energie aufbauend, Konzentration stärkend, klärend und zentrierend)
7. Die Zugehörigkeit nach den 5 Elementen, die die 6 genannten Punkte mit einschließen (Eigenschaften der Elemente)

Auf die Punkte 1 und 2 werde ich hier näher eingehen, da sie die großen Besonderheiten darstellen. Dass es zum Beispiel abführende, aufbauende oder beruhigende Wirkungen von Nahrungsmitteln gibt, ist sicher jedem bekannt, die Thermik und die Geschmäcker sind aber etwas differenzierter und werden daher eingehend im Folgenden erklärt.

Die verschiedenen Thermiken (Temperaturwirkungen) der Nahrungsmittel

Sie sind nicht wirklich mit einem Thermometer messbar, aber sie besitzen eine thermische und energetische Wirkung auf den Körper.

Kalt bis kühlend: erzeugt eine sinkende, abwärtsfließende Energie und eine Verlangsamung und Verdichtung, ähnlich eines sich aufstauenden Teiches, es beruhigt, sammelt, kann vorhandene Hitze löschen. Leicht Kühlendes baut die Körpersäfte auf und nährt Körper und Geist. Kälte ist Yin.

Neutral: es wirkt bewahrend, speichernd und stabilisierend, hält den Körper im Gleichgewicht und liegt genau im Übergang von Yin zu Yang.

Warm bis heiß: hat eine dynamisierende Wirkung, es beschleunigt Qi und Xue im Körper, welches bei Mangel dieser beiden Substanzen zu Überhitzung und Austrocknung führen kann. Es hat eine aufsteigende Qualität, ähnlich eines Lagerfeuers. Besonders der Magen leidet darunter sehr. Positive Eigenschaften von thermisch heißen Nahrungsmitteln sind die zerstreuenden und auflösenden Wirkungen, die Krankheitserreger über die Oberfläche ausleiten können (Schwitzen beim Menschen). Warme Nahrungsmittel, die keine heiße Thermik besitzen, helfen hingegen der Milz bei der Verdauung, spenden Energie und stärken den Körper. Wärme ist Yang. Sehr heiße und sehr kalte Nahrungsmittel haben drastische Wirkungen und sollten daher nur mit

Kekse sind thermisch heiß und trocknend, sofern der Hauptbestandteil Getreide ist.

Bedacht eingesetzt und je nach Konstitution verwendet werden.

Die Thermik eines Nahrungsmittels lässt sich auch verändern. So kann das Kochen Wärme in das Essen bringen, auch wenn die Grundeigenschaft des Produktes eigentlich kühl ist, oder das Einfrieren kann Kälte in einem Nahrungsmittel erzeugen.

Veränderung in Richtung Kälte:

- Einfrieren (Vorsicht, kann schleimbildend und pilzfördernd wirken!)
- Blanchieren
- Kochen mit viel Wasser und Zitronensaft
- Kalt verzehren (rohes Gemüse oder Obst)

Veränderung in Richtung Wärme:

- Pürieren oder Reiben (Energie)
- Dampfgaren oder Dünsten
- Kochen generell
- Mahlen und Quetschen von Getreide (Flocken)
- Trocknen und Backen (weißes Auszugsmehl ist generell heiß)
- Grillen, Rösten und Anbraten (Frittieren ist die stärkste Methode, Hitze in ein Lebensmittel zu bekommen, ist aber in der Hundeernährung kein Thema)

Die verschiedenen Geschmäcker der Lebensmittel in der TCM

Jeder Geschmack kann eine Dynamik, eine Bewegung im Körper produzieren und Säfte verteilen, Poren öffnen oder zusammenziehend wirken. Bei zusammenziehend denken Sie jetzt sicherlich spontan an das Zitronengesicht, und das ist schon ein gutes Beispiel. »Sauer« hat genau diese Eigenschaft, es gehört zum Holz-Element und zentriert und sammelt die Säfte. Die einzelnen Geschmäcker hatten wir bereits in den Wandlungsphasen und den typischen Eigenschaften besprochen, doch hier noch einmal zur Erinnerung:

- Sauer zieht zusammen, bewahrt die Flüssigkeiten, entspannt im Nachhinein
- Bitter beruhigt, trocknet, leitet (Hitze) aus, kann verhärten
- Süß harmonisiert, nährt, stärkt und befeuchtet, bringt zurück »in die Mitte«
- Scharf bewegt und verteilt Qi, löst Blockaden, öffnet die Oberfläche (Poren)
- Salzig erweicht, führt abwärts und kühlt

Im »Su Wen« (Dem Buch des Gelben Kaisers) heißt es:

Sauer reist zur Leber.
Bitter reist ins Herz.
Süß reist zur Milz.
Scharf reist in die Lunge und
Salzig reist zur Niere.

Sauer erreicht die Sehnen.
Bitter stärkt das Blut.
Süß baut Gewebe auf.
Scharf verteilt das Qi.
Salzig nährt die Knochen.

Sauerampfer: sauer, gesund und eigentlich ganz lecker.

Auch hier verdienen die Eigenschaften einer näheren Betrachtung, denn diese können je nach Dosierung und Konstitution andere Auswirkungen auf den Körper haben.

Sauer macht lustig, zu viel sauer macht sauer

Der saure Geschmack gehört zum Funktionskreis Leber/Gallenblase, zum Element Holz. Wir erinnern uns an die dazugehörige Emotion »Wut« und damit wird der Bezug des sauren Geschmacks klar. Ein gewisses Maß an sauren Lebensmitteln (damit ist nicht nur die Zitrone gemeint!) wie beinahe jedes Obst, aber auch Joghurt oder Hühnerfleisch wirkt ergänzend auf die Körpersäfte, hilft der Blutbildung, kann die Konzentration fördern und hilft bei Kopfschmerzen, da es die Fülle aus dem Kopf nach unten ableitet. Der Leber hilft der saure Geschmack, alle Qi-Fluss-Richtungen harmonisch beizubehalten und damit gegen Schwindel, Sehstörungen, Migräne und zum Beispiel Bluthochdruck und Hitze im oder am Kopf anzugehen.
Ein Übermaß hingegen kann das Blut schwächen, zu Haarausfall führen und zu Absenkungen im pH-Wert, besonders dem, der in der Muskulatur herrscht, führen. Außerdem kann es zu Sehnenverkürzungen und Muskelverhärtungen kommen. Auch kann es zu den typischen Leber-Qi-Stagnationen/-Blockaden führen (aufgedunsener Bauch, Verdauungsstörungen, Kollern im Magen und Darm, Blähungen und Stimmungsschwankungen).

Bitter verdaut und befreit, zu viel bitter macht bitter und trocken

Der bittere Geschmack gehört zum Funktionskreis Herz/Dünndarm, zum Element Feuer. Vielleicht kann man sich das gut merken, denn bei Hitze im Körper entsteht meist ein bitterer Geschmack im Mund. Lebensmittel, die dem bitteren Geschmack angehören, sind zum Beispiel: Endiviensalat oder Rucola, auch der Buchweizen hat bittere Anteile, der Löwenzahn, das Bohnenkraut und das Basilikum ebenso. Der bittere Geschmack hat trocknende Eigenschaften, daher ist der Genuss bei Feuchtigkeitsmangel und der daraus entstandenen Obstipation kontraproduktiv, aber er vertreibt somit überschüssige Feuchtigkeit und hilft so der Milz und dem Verdauungstrakt bei der Verdauung. Bitter befreit die Leber; damit gemeint ist die anregende Eigenschaft auf die Verdauungssäfte, die Vertreibung von Aufblähungen und Nahrungsstagnationen. Auch die Magensäfte werden angeregt. Des Weiteren kann der bittere Geschmack Pilzinfektionen verhindern oder es Parasiten im Verdauungstrakt ungemütlich machen. Schleim, auch in der Lunge, kann durch bittere Eigenschaften der Kräuter oder Nahrungsmittel vertrieben werden, ebenso wirkt er gegen Entzündungen. Der bittere Geschmack hilft also einem trägen Stoffwechsel, in dem er anregend wirkt; man möge hierbei auch an den Verdauungsschnaps seitens des Hundebesitzers denken, der das ein oder andere Mal möglicherweise, ausnahmsweise, nach einem deftigen Mahl getrunken wird. Der besteht meist auch aus bitteren Inhaltsstoffen und »etwas« Alkohol.

Süßes liebt die Mitte, zu viel Süßes macht sie moppelig

Der süße Geschmack wird dem Funktionskreis Milz/Pankreas und Magen zugeordnet und es zählen nicht nur der Zucker oder der Honig dazu. Muttermilch und andere Milchprodukte, Reis, Mais, reifes Obst, besonders Datteln und Birnen, viele Fleischsorten, Gemüse wie Fenchel, Kürbis und Karotte, die Kartoffel, Soja und Erbsen gehören ebenfalls zum Erd-Element. Süßes harmonisiert, besänftigt, baut auf, kräftigt die Muskulatur und befeuchtet. Letzteres kann sich auch nachteilig auswirken, besonders, wenn bereits ein Feuchtigkeitsüberschuss im Körper vorhanden ist. Dann kann es bei weiterem Verzehr zu Schleimbildung kommen, was richtig unangenehm werden kann, wenn Hitze dazu kommt. So kann sich der Schleim verfestigen, eindicken, zu Atembeschwerden oder Trägheit und zu Lipomen und »Knubbeln« führen. (Das böse Wort »Tumor« wollte ich vermeiden, gehört aber eigentlich mit in die Auflistung.) Der süße Geschmack beruhigt den Geist, soll angeblich glücklich machen (die Trostschokolade oder Nervennahrung kennen auch wir Zweibeiner zu gut), doch im Übermaß führt er zu Ansammlungen, Fetteinlagerung, Feuchtigkeitsüberschuss, Müdigkeit und Vitamin- und Mineralmangel. Nach einer langen Krankheit oder bei Unterernährung hilft er beim Aufbau, generell wird durch ihn die Blutbildung angeregt und er gibt Kraft.

Scharf verteilt, zu scharf macht Wind und Durchzug im Körper

Der scharfe Geschmack gehört zum Funktionskreis Lunge/Dickdarm und hat positive Eigenschaften auf die Abwehr von pathogenen Faktoren durch das Öffnen der Poren und das Ausschwitzen von krankmachenden Keimen. (Hunde können nur über die Pfoten schwitzen, dennoch hat der scharfe Geschmack auch diese positiven Eigenschaften für sie.) In der TCM wird

Ingwer

das »Befreien der Oberfläche« genannt und kann mit Hilfe des Abwehrsystems (Chin. »Wei-Qi«), welches ebenfalls Teil des Funktionskreises ist, den Körper bei bestehenden Krankheiten unterstützen und gar vor Entstehung solcher schützen. Der scharfe Geschmack hilft beim Verteilen des Qi, kann somit auch hervorragend Blockaden in den Gefäßen und Schleim lösen oder entblähend wirken. Nachteil ist allerdings, dass durch das Öffnen der Poren bei übermäßigem Verzehr die Haut nicht gut gegen eindringende Keime geschützt ist, ebenso kann (kalter) Wind (also der echte Wind), in den Körper eindringen, da die Poren offenbleiben und neben Schmerzen, Verspannungen auch Keime in den Körper hineinlassen. Kopfschmerzen, Verspannungen, Muskelschmerzen bis hin zu Krämpfen und zum Beispiel Fazialis-Nerv-Lähmungen oder -Entzündungen sowie Erkältungen sind »Wind«-Krankheiten (siehe Holz-Element), die durch den nicht vorhandenen Schutz in den Körper eindringen können. Ein dauerhaft zu hoher Verzehr von scharfen Nahrungsmitteln kann weiterhin zu starker Reizbarkeit, Epilepsie oder Bluthochdruck führen, kommt noch Hitze dazu, kann das Blut (chin. »Xue«) überhitzen und es kann zu Hot Spots (entzündlichen Hautprozessen), Knötchen in der Haut oder zu gelbem Sekret kommen. Zum scharfen Geschmack zählen das Kochsalz, Pfefferminze, Rettich, Brunnenkresse und Schnittlauch, Kurkuma, Thymian und Knoblauch. Pfeffer und Ingwer ebenso.

Das Salz in der Suppe, mal Segen, mal Fluch

Salzig ist der Geschmack, der zum Funktionskreis Niere/Blase gehört. Salz ist in Nahrungsmitteln und Kochsalz enthalten und auch im mild Salzigen wie in Fisch und Algen und Enten- oder Schweinefleisch zum Beispiel. Auch Gerste, Weizen und Hirse, sowie das Blut, das in den Futtermitteln verarbeitet wird, gehören hierzu. Salziges hat eine auflösende und erweichende Wirkung, welche sich oft bei Knoten oder Tumoren zunutze gemacht wird, es bewegt die Gedärme, wirkt dadurch abführend, letzteres besonders in Kombination mit dem bitteren Geschmack. Er ist appetitanregend und stärkt die Knochen, sorgt für Stabilität. Ist die Dosis zu hoch, kann der Knochen hingegen erweichen, da der Kalziumpegel sinkt. Zu viel kann den Kreislauf durcheinanderbringen, den Druck in den Arterien ansteigen lassen und die Hitzezeichen verstärken. Es können sich Ödeme zeigen, an anderen Stellen kann es zu Austrocknungen kommen. Auch der Leberfunktionskreis leidet mit und die Laune wird schlechter, die Augen rot. Besonderes Augenmerk ist auch auf den Verzehr von salzigem Geschmack bei Rückenleiden und Muskelverspannungen zu legen, denn diese Beschwerden können sich durch ein Übermaß deutlich verschlechtern.

Bevor auf die verschiedenen Krankheiten und typengerechte Ernährung eingegangen wird, finden Sie zwei Exkurse zur Hundefütterung aus Sicht der TCM: Fressverhalten, Verdauung und Beschaffenheit der Futtermittel.

Exkurs: Das vegetative Nervensystem und seine Rolle bei der Verdauung und Verdaulichkeit

Im Gegensatz zum zentralen Nervensystem ist das vegetative Nervensystem nicht vom Willen steuerbar.
Zu ihm gehören der Parasympathikus (PS), der Sympathikus (S) und das enterische Nervensystem (eNS).
Der Parasympathikus, auch »Rest and Digest Part« genannt, sorgt in Ruhe und Entspannungsphasen für den geregelten Fluss der Verdauungssäfte, die Aufspaltung und das Resorbieren der Nahrungsbestandteile sowie für das Auffüllen der Speicher.
Des Weiteren reguliert bzw. senkt er den Blutdruck und die Herzfrequenz, schüttet Glückshormone aus, entspannt die Muskulatur, verteilt die Flüssigkeiten. Alle Konzentration zentriert ich zur »Mitte« hin.
Der Sympathikus ist das genaue Gegenteil, er wird auch »Fight and Flight Part« genannt, denn er hat die Aufgabe, in Stresssituationen, bei Angst, aber auch beim Sport und Spielen dafür zu sorgen, dass die Muskulatur und das Herz alle Energie abbekommen, sie wird vom Verdauungstrakt »abgezogen« und in die Peripherie, also Beine und Muskeln, geschickt. Die Herzfrequenz und der Blutdruck steigen, der ganze Körper gerät in den Aktionsmodus, die Atemfrequenz wird beschleunigt, das Gehirn stärker durchblutet, die Nebennieren schütten Adrenalin und Cortisol aus, der Muskeltonus wird gesteigert. Die Verdauungsleistung und die Peristaltik kommen beinahe, wenn nicht ganz, zum Erliegen, unnötiger Ballast (noch nicht fertig verdaute Nahrung) wird schnell ausgeschieden,

Ein aktiver Parasympathikus-Modus sieht ungefähr so aus.

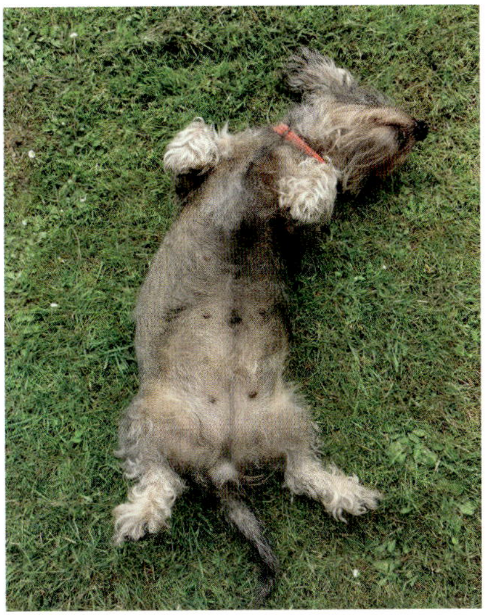

manchmal erbricht sich der Hund aus diesem Grund auch nach starkem Rennen oder bei Stress. Auch der Kot wird im Laufe eines aufregenden Spaziergangs oder nach Aktivitäten immer dünner.

Diesen beiden Systemen unterliegt das enterische Nervensystem. Es hat Anteile von beiden und wird als das »Abdominal Brain«, also Bauchhirn, bezeichnet, da es mehr Nervenzellen im Dünndarm enthält, als im Rückenmark vorhanden sind. Sie sollen Gehirnzellen ähneln und für intuitive Entscheidungen verantwortlich sein. Es steuert zusammen mit dem Parasympathikus die Darmperistaltik und hat einen großen Einfluss auf das Wohlbefinden. Wenn wir an das Feuer-Element und die dazugehörigen Organe Herz und Dünndarm denken, fällt es uns leicht, hier eine Verbindung zu knüpfen. Trennen von Klarem und Trüben (Entscheidungen treffen) sowie Freude und Frohsinn sind die Eigenschaften des Feuers. Strodtbeck und Schröder schreiben in ihrem Buch »Ernährung und Verhalten beim Hund« von einer Studie, in der eine Verbindung von der Bakterienbesiedlung im Dickdarm eine Verbindung zu guter »Nasenleistung« bei der Spurensuche herstellt. Ich finde das äußerst interessant, da hier der Funktionskreis Lunge/Dickdarm angesprochen wird und ihm das Sinnesorgan Nase (Geruch) zugeordnet wird. Diese »Programme« laufen regelmäßig und bestenfalls im Wechsel ab, denn nur einer kann das Sagen haben, sie sind Gegenspieler und haben beide ihre Aufgaben. Durch gewisse Umstände kann hier aber das Wechselspiel außer Kontrolle geraten. Ein Milz-Typ zum Beispiel ist generell eher parasympathisch gesteuert, ein Herz-Typ eher sympathisch, dennoch sollten auch diese ausgeglichen sein. Manche Hunde allerdings haben Schwierigkeiten, aus dem Sympathikus- heraus in den Parasympathikus-Modus zu wechseln, besonders sind dies Hunde, die unter- aber auch überfordert sind, die generell ein hitziges Temperament und stetig aufmerksam ihre Augen und Ohren überall haben. Auf diese Weise entstehen Hitze und innere Unruhe, da der kühlende und befeuchtende Part des PS entfällt. Nächtliche Unruhe, dauerhaftes Hecheln, verspannte Muskeln, wenig Gewichtszunahme und Herzbeschwerden können die Folge sein. Yin (also der PS) kommt hier in einen Mangelzustand, da das Yang (also der S) im Überschuss vorhanden ist.

Das kann angeboren, aber auch erworben sein. Viele Besitzer lasten ihre Hunde über das gesunde Maß hinaus aus oder machen jeden Spaziergang zu einem Action-Erlebnis mit vielen Spielen, Toben mit Artgenossen oder Sporteinlagen wie Joggen am Fahrrad über eine zu große Strecke. Generell ist an einem spannenden Spaziergang nichts

Beim Toben, Spielen, Rennen und Zanken hat der Sympathikus das Sagen.

auszusetzen, was ich aber eher als nachteilig betrachte, sind Suchspiele mit dem Futterbeutel, bei dem wirklich »Futter« als Belohnung abfällt. Damit meine ich keinesfalls ein Leckerchen zwischendurch! Fragwürdig finde ich aus eigener Beobachtung heraus die alleinige Fütterung über den Futterbeutel, denn während des Laufens und aufgeregtem Suchen findet so gut wie keine Verdauung statt und die Beute (das Futter) liegt im Magen wie ein Stein, denn der Parasympathikus ist ausgeschaltet. Der Hund sollte in unserer Obhut sein Futter ohne Stress bekommen. Der Wolf oder ein Hund in Freiheit jagt seine Beute meistenteils auch und das natürlich im Sympathikus-Modus, aber anschließend wird in Ruhe verdaut und nicht noch weiter gerannt und gesucht und getobt. Die Fütterung mit dem Futterbeutel kann Stress und Hitze durch fehlende Säfte-Verteilung, Bauchweh und Stagnation verursachen, die Nahrung wird nicht gesund verdaut und die Speicher werden nicht ordentlich gefüllt. Futterbeuteltraining ist sicher diskussionswürdig, ich möchte mit meinen Ausführungen jedoch zum Nachdenken anregen. Ein paar Leckerchen hier und da tun`s auch, denke ich, und das Futter gibt es daheim regelmäßig und ohne Aufgabenerledigung. Bindung lässt sich auch anders schaffen, meine Meinung. Oder »Essen Sie auch beim Joggen«? (Einen Artikel mit diesem Titel habe ich vor Jahren bereits in einer Fachzeitschrift veröffentlicht.)

Higgins bei einem Wettlauf mit Lotte. Alles im Spaß, aber dennoch ist der Sympathikus aktiv. Man beachte das Muskelspiel und die Aufregung, die ihm ins Gesicht geschrieben steht.

Trockenfutter-Kroketten

Exkurs: Vor- und Nachteile der Futterarten: Trocken-, Roh- und Nassfutter

Trockenfutter ist, wie der Name schon sagt, trocken. Durch das lange Erhitzen und das Mahlen des Fleisches und anderer Bestandteile kommt es zu enormer Wärmeentwicklung und Feuchtigkeitsentzug der Futter-Kroketten im Magen, die mit Fett und meist Aroma- oder Konservierungsstoffen besprüht wurden. Wird zusätzlich (sehr häufig) auch Getreide verwendet, entsteht durch das Backen nochmals Hitze dazu.
Die Kroketten, die entgegen der weitläufigen Meinung nicht zerkaut werden (denn der Hund ist ein Schlinger, allenfalls zerbricht mal ein Trockenfutterplättchen auf den Zähnen und mit Zahnreinigung hat das nichts zu tun), gelangen in den Magen und benötigen dort erst einmal große Mengen an Magensäften und anderer Flüssigkeiten, um so eingeweicht zu werden, dass sie die Verdauungsorgane passieren können. Die Verweildauer im Magen-Darm-Trakt ist im Gegensatz zu Feucht- oder Rohfutter um ein Vielfaches erhöht und kann so enorme Hitze erzeugen, die dann im Anschluss auch Entzündungen begünstigen und anfeuern wird. Daraus können Nahrungsmittelunverträglichkeiten (allergische Reaktionen sind hier oft dem Milbenbefall geschuldet, der bei

Trockenfutter meist unvermeidbar ist) entstehen oder Sodbrennen verursacht werden.
Nierenpathologien oder verschiedene Hautkrankheiten und andere Erkrankungen, die mit Hitze und Trockenheit einhergehen, sollten nicht noch mit Trockenfutter weiter »unterstützt« werden. Weiterhin sind die Bestandteile nicht mehr zu erkennen, die Deklarationen schwer zu lesen und oft auch nicht wirklich aussagekräftig. Vieles ist nicht gesetzlich geregelt, auch was zum Beispiel unter dem Begriff »Konservierungsstoff« zu verstehen ist. Etliches muss nämlich nicht als solches benannt werden und ist noch nicht einmal deklarationspflichtig. Auch die Qualität der verwendeten Fleischsorten ist nicht leicht zu erkennen. Die Werbung verspricht natürlich so einiges. Nassfutter hat den Vorteil, dass viel weniger Hitze bei der Verdauung entsteht und die Verweildauer im Verdauungstrakt deutlich geringer ist. Es wird nicht extra Flüssigkeit abgezogen und der Stoffwechsel weniger belastet. Hier wird natürlich auch gekocht, die Ausgangstoffe erhitzt, aber nicht gemahlen, das Ausgangsprodukt bleibt weitestgehend vorhanden und das Produkt erzeugt keine extra Wärme oder Hitze. Auch hier gibt es selbstverständlich Unterschiede. Bei manchen Herstellern kann man nichts mehr erkennen und muss sich auf die Deklaration verlassen. Verantwortungsvolle Hersteller gestalten ihre Deklaration offen und benutzen qualitativ hochwertige Ausgangsstoffe. Sich genau zu informieren macht Sinn. Es entsteht durch die Dosen eine große Menge Müll, günstig sind hochwertige Nassfutter auch nicht, stellen aber eine gute Alternative dar, wenn die Qualität passt.
Die Idee, Trocken- und Nassfutter zu mischen, klingt auf den ersten Blick ganz gut, ist es aber nicht. Denn: Trockenfutter benötigt sehr lange im Magen, um mit Magensäure durchsetzt zu werden, damit unter anderem die Proteinverdauung starten kann. Nassfutter braucht locker nur die Hälfte der Zeit dafür, wenn nicht weniger. Nun sitzt aber leider kein kleiner Mann im Magen, der das aussortiert. Demnach ist das eine Futter (Feuchtfutter mit Fleischanteil, Bindegewebe usw.) viel zu lange im Magen (Gärung, Hitze, Gase) und das andere viel zu kurz (Kroketten nicht genug durchmengt mit Säuren) und bleibt größtenteils unverdaut. Dieses Unverdaute bereitet dann dem Dünndarm Schwierigkeiten, da der notwendige niedrige pH-Wert nicht ausreicht, die Proteine richtig zu verdauen. So entstehen Probleme im ganzen weiteren Verdauungstrakt. Es entwickeln sich auf diese Weise wahrscheinlich Entzündungen und/oder Verdauungsschwäche, je nach Typenveranlagung, ganz sicher aber auf lange Sicht einige Mängel in der

Nährstoffversorgung. Beim Barfen ist das noch einmal anders, hier haben wir ein Rohprodukt, das, wenn es nicht tiefgekühlt wurde, neutral ist. Nur die eigene Thermik von Fleisch- oder Gemüsesorten ist vorhanden. Die Magensäure ist sehr gefragt, denn rohes Fleisch benötigt viel davon. Ein Hund mit einer Verdauungsschwäche, also einer Schwäche in der Milz oder eben der »Mitte«, wird Schwierigkeiten bekommen, dieses Futter ordentlich zu verdauen, da ihm die Verdauungswärme fehlt und die Säfte oft nicht richtig fließen, dies betrifft beispielsweise viele alte Hunde. Rohes Futter braucht ein gesundes Verdauungssystem. Ist es durch Entzündungen und Nahrungsmittelunverträglichkeiten in Mitleidenschaft gezogen, kann der Hund von dieser naturbelassenen Fütterungsart aber sehr profitieren. Der Besitzer kann die Ration selber mit etwas Geschick (Futterplan!) zusammenstellen und somit genau kontrollieren, was in seinen Hund gerät. Wurde eine tiefgefrorene Fertigmischung gekauft, muss diese vor dem Verfüttern mindestens Zimmertemperatur erlangen.
Direkt aus dem Kühlschrank sollte nichts in den Napf gelangen, denn diese Kälte führt zu Stagnationen im Magen und Darm, die Verdauungswärme der Milz leidet sehr und der Hund bekommt mit ziemlicher Sicherheit Bauchweh. Es bietet sich an, vorher Tiefgefrorenes kurz zu dünsten, dann ist es nicht nur leichter verdaulich durch die Vorverdauung der Proteine bei Erhitzung, auch die Thermik ändert sich ins Positive und der Verdauungstrakt freut sich. Außerdem ist die Gefahr von Durchfall und Erbrechen um einiges geringer. Wenn man allerdings unbedingt Kühle in den Hund bringen möchte, aus therapeutischen Gründen, dann ist das Erhitzen nicht nötig. Welche Nahrungsmittel nun genau kühl oder warm oder neutral sind und wie man sie gezielt einsetzen kann, können Sie in der folgenden Tabelle ablesen.

Ein unschönes Beispiel für einen mächtig großen Hundehaufen durch zu hohen Bindegewebsanteil, mit Schleimbeimengung. Wie gut, dass Papier Gerüche nicht überträgt ...

Tabelle für relevante Nahrungsmittel in der Hundefütterung nach TCM-Elementen (Thermik, Geschmack und Elemente-Zugehörigkeit)

Manche Nahrungsmittel können mehrfach auftauchen, das liegt daran, dass sie zum Beispiel scharf und salzig oder bitter und scharf sind, auch sind mehrere blutbildend und daher für das Feuerelement und das Erdelement gleichzeitig passend, oder zusätzlich entkrampfend, was sie auch zum Holz annähert.

Ganz wichtig: Wenn Sie z.B. einen Feuer-Typen zuhause haben, heißt das natürlich nicht, dass Sie ausschließlich zum Feuer-Element gehörige Nahrungsmittel verfüttern dürfen. Diese Auflistung zeigt nur, was dem Element laut Geschmack und Thermik entspricht. Ein abwechslungsreicher Futterplan ist das Beste. Einem ängstlichen Wasser-Hund auf Dauer Lammfleisch (ein Lamm ist ängstlich) zu füttern, könnte sogar seine Angst verschlechtern, ständig Hühnerfleisch (ein Huhn ist hektisch) für den Leber-Typ kann die Laune weiter senken. Der Wassertyp bräuchte dann eher Substanz-Bildner wie Rindfleisch (eine Kuh ist ruhig), der Holz-Typ mit Hitze und Ärger bekommt besser Pferd (kühl und befeuchtend).

	heiß	warm
Holz sauer	Gebackene Kekse aus Weizenmehl und Trockenfutter aus den Feuer-Fleisch-Sorten	Huhn, Hühnerleber Weizenmehl Petersilienwurzel, Mönchspfeffer
Feuer bitter	Generell gegrilltes, bebackenes oder getrocknetes Fleisch (Dörrfleisch, Pansen etc, aber auch Trockenfutter aller Fleischsorten) Buchweizen-Kekse Schaf, Ziege	Lammpansen Buchweizen gekocht Feta (Schafsmilch), Ziegenkäse Basilikum, Bohnenkraut, Rosmarin, Weihrauch Mariendistel, Ginsengblatt, Tausendgüldenkraut
Erde süß	Trockenfutter aus den Erde-Fleisch-Sorten	Fenchel, Kürbis Reis, Pastinake Walnuss Ginsengwurzel, Fenchelsamen, Anis Basilikum, Petersilienwurzel, Bockshornkleesamen Engelwurz, Eberraute, Liebstöckel, Kamille
Metall scharf	Hirschfleisch generell und Trockenfutter aus den Metall-Fleisch-Sorten Ingwer, Knoblauch, Pfeffer Alkohol (in vielen Tropfen enthalten)	Fasan, Reh, Wildschwein, Rebhuhn Porree, Rettich, Hafermilch, Hafer Bärlauch, Basilikum, Dill, Kümmel, Liebstöckel, Oregano, Schnittlauch, Thymian, Engelwurz Weihrauch, Schwarzkümmel
Wasser salzig	Trockenfutter aus den Wasser-Fleisch-Sorten	Lammfleisch, Aal, Forelle, Garnele, Hummer, Kabeljau, Lachs, Makrele, Scholle Kochschinken, Knochenmark

Lassen Sie sich also nicht beirren und halten Sie sich nicht strikt an Listen, ***der Typ selber ist nicht ausschlaggebend für die typengerechte Fütterung, sondern die Schwäche dieses Types ist maßgebend. Denn nicht nur die verschiedenen Charaktere sind für die Typen-Erkennung wichtig, auch die dazugehörigen Disharmonien und Krankheiten!***
Dieses wichtige Kapitel kommt natürlich noch, dafür braucht es diese Liste als Überblick. Weiter auch verwirrend: Die Mariendistel, bekannt als das Leber-Kraut schlechthin, gehört zum Beispiel zum Feuer-Element und nicht zum Holz, da es sehr bitter schmeckt, ähnlich wie die Artischocke. Dadurch werden die Enzyme und Säfte angeregt und die Leber wird angekurbelt und entlastet, Giftstoffe können ausgeschieden werden. Es hat also eine gute Wirkung auf den Leber-Funktionskreis, entspricht aber dem Feuer-Element.
An dieser Tabelle können Sie sich einen guten Überblick verschaffen, wie Sie je nach Bedarf an Thermik und Geschmäckern die Ration zusammenstellen können. Kurze Anmerkung: Trockenfutter ist ja generell heiß, da es gemahlen und sehr lange erhitzt wurde. »Kaltgepresstes« Trockenfutter kann hingegen als »warm« gelten, man darf aber nicht vergessen, auch hier wurde gemahlen und erhitzt, wenn auch bei etwas niedriger Temperatur (meist auch bei über 50 bis 100 Grad).

neutral	kühl	kalt
Dinkel, Grünkern Himbeere, Brombeere Schafgarbe, Borretsch	Brottrunk, Weizen Hefe Quark, Hüttenkäse Apfel, Blaubeere, Erdbeere, Mandarine, Cranberry, Zitrone Himbeerblätter, Frauenmantel,	Gurke, Rhabarber Weizenkeime/sprossen Gerstengras Joghurt (Kuhmilch) Sanddorn, Hagebutte, Sauerampfer, Löwenzahn, Zitronenmelisse
Feldsalat, Kamillentee, Amarant, Roggen, Buchweizen Schwarze Johannisbeere Brennnessel Kurkuma, Ginkgo, Baldrian	Endivie, Kopfsalat, Rucola, Holunderbeere, Quitte Salbei, Mädesüß, Weidenrinde Weißdornblüten/-beeren Frauenmantel, Wegwarte Artischocke, Hopfen, Melisse, Passionsblume	Chicoree Baldrian, Löwenzahn, Enzian, Teufelskralle Aloe Vera
Kalbsfleisch, -leber, Rindfleisch, -leber, -pansen, Strauß Kartoffel, Süßkartoffel, Möhre, Kohl, Kürbis Mais, Polenta, Mandelmilch Ei, Leinsamen, Hanfsamen und -Öl, Butter, Kokosfett und -Öl, Kürbiskernöl, Honig Petersilie, Süßholz, Schafgarbe, Rosskastanie	Pferdefleisch Zucchini, Mangold Gerste, Topinambur Kuhmilch, Artischocken Apfel, Birne, Sojamilch, Tofu, Olivenöl, Leinöl, Sesamöl, Traubenkernöl Estragon, Eibisch, Island Moos	Gurke Banane, Honigmelone, Wassermelone, Mango Zucker jeder Art
Pute, Gans, Hase, Wachtel Kohlrabi, Reis Brunnenkresse Salbei, Kurkuma, Koriander	Kaninchen Pfefferminze, Große Klette, Leberblümchen, Lindenblüten, Stiefmütterchen, Gänseblümchen	
Barsch, Hering, Karpfen, Thunfisch, Sardellen Erbsen, Linse, Bohnen	Schweinefleisch, Knochen allgemein (roh) Taubenfleisch, Gerste Birkenblätter, Ackerschachtelhalm, Spitzwegerich	Chlorella, Spirulina, Grünlippmuschel, Salz Vogelmiere

7.

Einleitung und Grundlagen der

AKUPRESSUR

Die Akupressur ist eine sanfte Therapiemöglichkeit, die nach einer kurzen Anleitung von Laien durchgeführt werden kann. Es handelt sich hier um einen Teilbereich der traditionellen chinesischen Medizin, also um altes Wissen, das in der Neuzeit immer noch oder wieder aktuell ist. Die Akupressur ist eine im Westen anerkannte Therapieform.

Viele Erkrankungen sprechen sehr gut auf die Akupressur an, da sie die Selbstheilungskräfte aktiviert. Knochenbrüche, Sehnenabrisse, Tumore und allgemein zerstörtes Gewebe können natürlich nicht auf diese Weise behandelt oder gar therapiert werden.

Die Akupressur erfolgt durch Fingerdruck oder kleine punktuell reibende Massagebewegungen auf bestimmten Punkten oder Körperbereichen. Diese Punkte liegen auf den Meridianen (Leitbahnen) des zugeordneten Organs und erfüllen bestimmte Aufgaben bzw. haben bestimmte Auswirkungen auf den Körper. Neben Wohlbefinden und Entspannung kann auf diese Weise eine Disharmonie abgewendet und/oder Heilung erzielt werden.

Die Leitbahnen

Es gibt meines Wissens nach mehrere wissenschaftliche Ansätze, dieses »Phänomen« zu erklären. Ich möchte zwei davon erläutern.

Immer mehr erforscht sind inzwischen die Faszien, die dünnen, sehnenartigen und elastischen Muskelhäute, die um die Muskelbäuche liegen und diese von anderen Muskeln trennen, die aber auch in lang gezogenen Ketten von einem Körperteil zum nächsten reichen können. Sie durchziehen den Körper wie ein Netz oder Geflecht und verbinden und trennen die Strukturen gleichzeitig. Diese Ketten liegen häufig an den beinahe gleichen Linien wie die chinesischen Leitbahnen, auch haben manche Faszien-Netze kleine Löcher, an denen die Nerven austreten. An diesen Stellen gibt es Übereinstimmungen zu Akupunkturpunkten, die auf diesem Weg weiter entfernte Bereiche beeinflussen können.

Eine andere Erklärung fand ich in einem Buch von Georg Weidinger »Heilung der Mitte«. Er beschreibt die Leitbahnen als »Narben der Embryonalentwicklung«: Bei der Zellteilungsphase während der Embryonalentwicklung kommt es durch Übereinanderlegen von Zellen zu Einstülpungen, die später ein Organ bilden. Diese Linie oder Narbe, die durch das Übereinanderlegen entsteht, kann daher zwischen Körperteilen oder Organen liegen, die sich später daraus bilden. So könnte man sich zum Beispiel die Verbindung von Lunge und Dickdarm mit der Nase erklären. Ich finde diese Theorie sehr spannend und habe direkt eine Zeitrafferaufnahme davon im Kopf.

Die TCM erklärt das Leitbahnen-System etwas anders. In der traditionellen chinesischen Medizin gibt es 12 paarige Leitbahnen und einige weitere Sonder-Meridiane, wobei letztere für die Akupressur eine untergeordnete Rolle einnehmen und hier nicht weiter erklärt werden. Die 12 Leitbahnen werden den 12 Organen zugeordnet. 10 davon sind Ihnen bereits bekannt, die beiden anderen – »Perikard« und »Dreierwärmer« – hatte ich nur kurz angesprochen. Sie gehören zur Wandlungsphase Feuer, die

ausnahmsweise 4 Organpaare und damit 2 Funktionskreise hat. Da es dort ein paar wichtige Akupressur-Punkte gibt, werden wir noch einmal von ihnen hören.
Die Leitbahnen ziehen sich in Linien über den Körper, sie sind paarig angelegt. Das bedeutet, dass zum Beispiel der Blasenmeridian, der am inneren Augenrand beginnt, sich über Kopf, Nacken und Rücken über das Bein außen, bzw. hinten, bis zum kleinen Zeh zieht, auf beiden Seiten existiert. Weiterhin heißt das, dass man zum Beispiel über einen Punkt in der Kniekehle den unteren, beim Hund eher hinteren, Rücken bei akuten Schmerzen therapieren kann. An dieser Stelle finde ich die Faszien-Theorie sehr einleuchtend.

Ich erkläre die Leitbahnen und Akupunktur- oder Akupressur-Punkte folgendermaßen: Stellen Sie sich die Leitbahnen auf einer Landkarte als Bundesstraßen vor. Ihr Auto ist das Xue (Blut/Substanz), das durch Sie und dem Fuß auf dem Gaspedal (hier das Qi) gesteuert wird, denn Qi ist die treibende und lenkende Kraft. Jedes existiert einzeln für sich, aber nur zusammen kommt es flott vorwärts. Auf dieser Landkarte, die ja eigentlich den Körper darstellt, gibt es wie im Leben verschiedene Begebenheiten:

Abfahrten: Das Auto (Xue) kann hier die Bundesstraße verlassen, weil es sich verfahren hat (das Qi läuft hier entgegengesetzt und macht daher Ärger. Sie haben sich verfahren und gelangen dorthin, wo Sie nicht hinwollten oder gar nicht hingehören. Kopfschmerzen und Erbrechen entstehen auf diese Weise und sollten über Akupressurpunkte (und Kräuterergänzungen) abgeleitet werden. Ebenso verfahren wird mit überschüssigen Flüssigkeiten, Schleim, Ödemen und Wind.

Auffahrten: Hier können Sie mit Ihrem Auto Fahrt aufnehmen und gut und sicher an Ihr Ziel gelangen (Qi und Xue werden auf die richtige Bahn gebracht, der Organismus bekommt Energie in andere Bereiche, wie zum Beispiel nach einer Leere oder Schwäche in einem Organ oder einer Muskelkette).

Tankstellen: Einmal Volltanken bitte! (Das Xue kann an manchen Punkten so gestärkt werden, dass der Organismus leistungsfähiger wird. Organe können wieder ihren Job ausfüllen, wenn das Xue vorher zeitweise im Mangel war.)

Restaurants: Mahlzeit! Essen gibt Kraft und macht gute Laune, sofern die Küche stimmt ... (Hier kann das Qi gestärkt werden, damit der Organismus Lebenskraft erhält.)

Briefkästen oder Paketstationen: Hier werfen Sie Briefe mit Informationen ein oder verschicken Päckchen mit wertvollem Inhalt. (Punkte mit Fernwirkung sind beliebt in der TCM, da hier nicht die lokalen Schmerzpunkte gestochen oder gedrückt werden, die ohnehin schon wehtun. Bestimmte Punkte auf der Leitbahn sind gemeint, die weiter weg liegen, sie haben die gleiche, wenn nicht langfristig bessere Wirkung. Auch der Milzmeridian ist hier ein gutes Beispiel: Am Innenschenkel liegt ein Punkt, der bei der Blutverteilung und Verdauung hilft, oder ein Magenpunkt seitlich der Wade kann Schleim lösen, es sind Qi-Verteiler-Punkte.)

Rastplätze: Hier können Sie anhalten und verschnaufen (Das Qi oder den Geist beruhigende Punkte, wie bei Stresssituationen oder innerer Unruhe zum Beispiel. Qi und Xue sammeln sich an manchen Orten zu manchen Zeiten, um danach wieder verteilt zu werden, siehe Organuhr zum Beispiel.)

Auf den Bundesstraßen gibt es aber nicht nur Nützliches

Baustelle: Leidiges Thema, hier ist es entweder eng oder man muss sie umfahren (Gestörte Leitbahnen, der Fluss des Xue und Qi ist behindert, wie bei Verletzungen oder Organdysfunktionen). Hier wird also abgefahren/abgeleitet oder die Baustelle muss beseitigt werden durch stärkende Hilfen (Tanken der Baustellenfahrzeuge).

Stau: Hier steht das Auto still oder fährt nur extrem langsam und stockend vorwärts. (Das Qi und/oder Xue stecken in einer Blockade fest, wie zum Beispiel bei einem Hämatom, einem gestauten Lymphfluss oder Verspannungen durch starke Schmerzen. An dieser Stelle muss der Weg wieder frei gemacht werden durch Qi-Regulierungs-Punkte, ähnlich einem Verkehrspolizisten.) Wenn der Tank leer war (starke Qi- und Xue-Schwäche), muss zuerst dieser wieder aufgefüllt werden, bevor er sich weiterbewegen kann.

Müdigkeit am Steuer: Sie selber (Qi) sind geschwächt und können Ihr Auto nur noch unzureichend gut steuern. (Blut und Substanz kann ohne Qi nicht bewegt werden und es kommt zu Blockaden (Stase in der TCM), die Schwäche, Schmerzen, Stauungen und Störungen verursachen). Hier sollten Sie schnell auf einen Rastplatz fahren, eine Pause einlegen und ein reichhaltiges Picknick machen (blut- und substanzauffüllende Punkte und etwas Ruhe sind nötig, um weiterhin gesund und ausgeglichen leben zu können).

Unfall: Stoppschild übersehen? (Überlastungs-Verletzung) oder Auffahrunfall durch ein fehlgeleitetes Auto? Wenn ein Organ nicht »in der Spur läuft«, schadet es auch den anderen, wie der Magen zum Beispiel: Klappt es nicht mit der Vorverdauung, bekommen der Dünndarm, die Bauchspeicheldrüse, die Leber und der Dickdarm Schwierigkeiten und es gibt weniger Energie für den restlichen Körper.

Shenting, ein Punkt ohne richtige Zuordnung, aber sehr wirksam gegen Stress, Angst und Unruhe. Er kann gut zu Beginn und zum Abschluss einer Behandlung akupressiert werden oder auch einfach zwischendurch.

Hier muss reguliert, repariert, aufgebaut und schließlich der Fluss wiederhergestellt werden. (Qi- und Xue-Regulierungspunkte, Stärkungspunkte)

Gestresste Straßenverkehrs-Teilnehmer, die Ihnen ohne Grund den Weg abschneiden, Sie gefährden oder den berühmten Mittelfinger zeigen, eben einfach Stress und Ärger machen (rebellisches Qi, das allerlei Beschwerden wie Übelkeit, Sodbrennen, Kopfweh oder schlechte Gedanken macht). Hier hilft nur Pause machen, an der Tanke ein Eis kaufen und Lächeln (beruhigende Punkte, die das Xue kühlen und den Geist entspannen).
Falschparker, Schlaglöcher und Blitzeis würden mir auch noch einfallen, aber ich denke, Sie haben es verstanden.
Nun zu den einzelnen Punkten, die ich nach den Wandlungsphasen und deren Funktionskreisen unterteilt habe.

Ausstreichen der Vorderbeine beruhigt hitzige Typen.

Vorbereitung und Durchführung der Akupressur

Um die Akupressur nutzbringend anwenden zu können, sollten einige Punkte im Vorfeld beachtet werden:
Schaffen Sie eine ruhige Atmosphäre, ohne Ablenkungen und Druck. Ein voller Magen ist genauso kontraproduktiv wie ein leerer. Diese Bedingungen gelten sowohl für Sie als auch für Ihren Hund. Wenn Sie unter Stress stehen oder gar die Luft anhalten, während sie massieren oder akupressieren, dann wird sich kein Erfolg einstellen können. Sie massieren dann eher Ihren Stress in den Hund hinein, als dass Sie ihm zu entspannen helfen. Sie sollten sich auch nicht unter Druck setzen, sehen Sie diese Therapiemöglichkeit eher als »Kuscheln mit System«. Eine wohlgemeinte Berührung hat immer einen positiven Einfluss auf beide, daher beginnen Sie zunächst mit ganz wenig Druck auf die Punkte. Sie sollten keine Angst haben, den Punkt nicht richtig zu treffen, mit der Zeit werden Sie immer sicherer und Ihr Hund wird Ihnen mit seiner Reaktion zeigen, was ihm guttut. Am besten beginnen Sie anfangs mit der »Ausstreichung der Beine« (beruhigt und entspannt, reduziert den Puls) und den »Rollbewegungen« über der Rückenmuskulatur, die gegen Verklebungen der Faszien helfen.

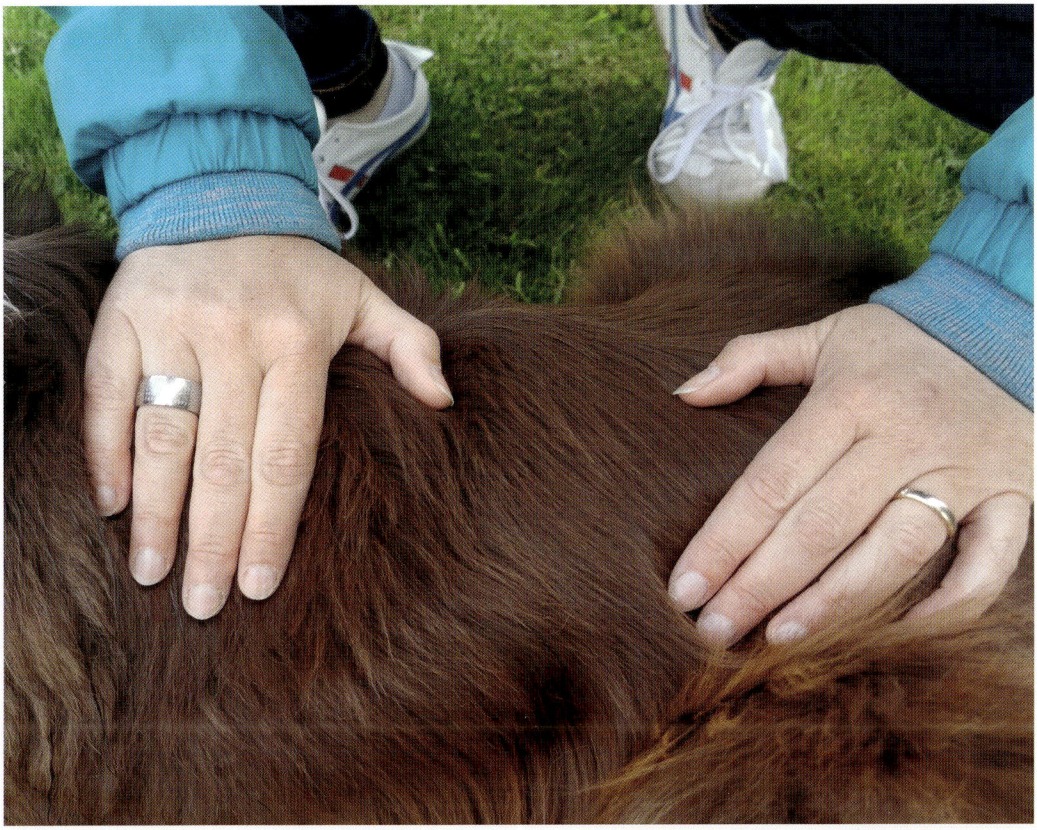

Rollbewegungen und Verschieben der Haut mit anschließendem Ausstreichen.

Dickdarm 11

Suchen Sie sich nun ein bis drei Punkte aus, von denen Sie meinen, sie könnten Ihrem Hund guttun. Im letzten Kapitel, in dem ich die Krankheiten mit ihren Therapiemöglichkeiten erläutere, schlage ich Ihnen neben der passenden Ernährung und möglichen Heilkräutern auch die hilfreichen Akupressur-Punkte vor.
Ganz wichtig: Behandeln Sie Ihren Hund nie mit kalten Händen. Bitte reiben Sie Ihre Hände vor einer Behandlung immer erst kräftig aneinander, bis sie sich wohlig weich und warm anfühlen. Sie akupressieren immer mit dem Zeigefinger, nicht mit

dem Daumen, und auch nur mit der Fingerbeere, nicht der Fingerspitze. Sinnvoll ist es, den oder die ausgesuchten Punkte immer auf beiden Seiten zu behandeln. Sollte das aber mit Seitenwechsel einhergehen und der Hund dabei unruhig oder unentspannt werden, verzichten Sie darauf und akupressieren nur dort, wo Sie gut drankommen. Atmen Sie ruhig und tief und beginnen Sie mit leichtem Druck. Sie können den Druck verstärken, wenn Ihr Hund dies weiterhin ruhig zulässt. Pro Punkt behandeln Sie circa 30 bis 60 Sekunden.

Die Massage ist eine uralte Heilmethode, um Spannungen zu reduzieren. Die Akupressur kann zusätzlich zum sich einstellenden Wohlbefinden, den Körper wieder zurück ins Gleichgewicht bringen, in dem sie versucht, das Qi zu steuern und wieder in den freien Fluss zu bringen.

Inmitten zweier Herz-Typen, die die Akupressur dankbar annehmen.

Hier zeige ich Punkt Magen 36. Er hilft zum Beispiel bei Verdauungsstörungen, Erbrechen oder Schwäche.

Die Akupressur-Punkte nach Typen-Zuordnung

Im Folgenden werden wichtige Akupressur-Punkte beschrieben und dem jeweiligen Elemente-Typ zugeordnet. Diese Punkte sind bei Disharmonien oder Erkrankungen auch bei den anderen Typen wirksam, denn auch ein Wasser-Typ hat mal Bauchweh oder ein Metall-Typ mal »Rücken«. Die folgenden Punkte sind also nicht fest an das jeweilige Element gebunden und werden selbstverständlich typen-übergreifend angewendet.

Die Punkte, die auf den Holz-Leitbahnen liegen:

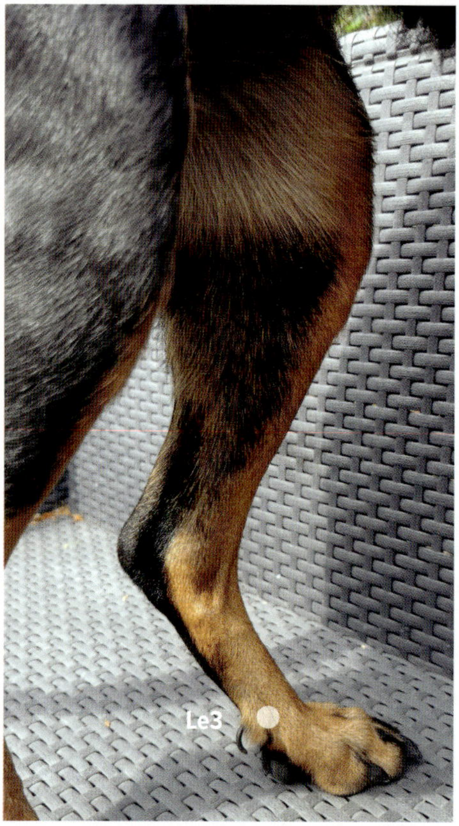

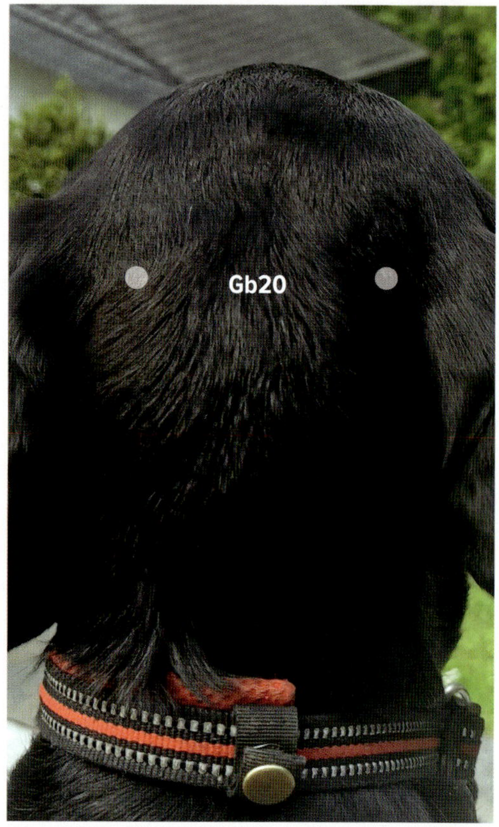

Leber 3 (Le3)

Lokalisation: Am inneren Hinterfuß zwischen der 2. und 3. Zehe (denken Sie daran, die erste Zehe, also der »dicke Zeh«, fehlt beim Hund, daher ist die 2. Zehe im Grunde die erste, heißt aber so) auf den Mittelfußknochen, dort wo die Knochen am weitesten auseinanderliegen.

Wirkung: Dieser Punkt ist der wichtigste auf der Leber-Leitbahn, er beruhigt die aufgewühlte Leber (Leber-Yang, Wut, rote Augen, Aggression, Kopfschmerzen), vertreibt inneren Wind (Unruhe, Hektik usw.), bringt das Leber-Qi wieder in Fluss (wie bei Verspannungen, Spasmen, Muskelschmerzen, Bauchweh) und nährt das Leber-Xue (hilft bei Juckreiz, Augenerkrankungen, Hormonstörungen).

Die übrigen bedeutenden Punkte liegen auf der Gallenblasen-Leitbahn.

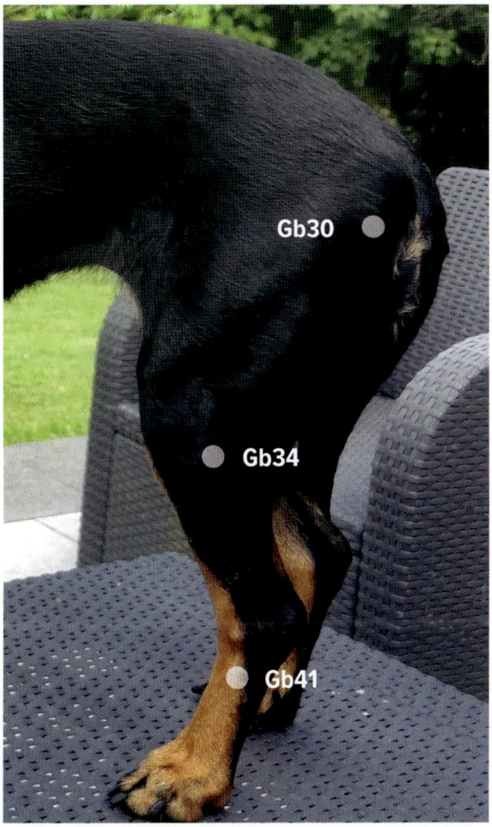

Gallenblase 20 (Gb20)

Lokalisation: etwas seitlich in der Kuhle hinter dem Ohr, vor dem ersten Halswirbel.
Wirkung: Es ist der »Wind-Punkt«, der bedeutendste Punkt zur Behandlung von Wind-Krankheiten wie: Juckreiz, Krämpfe, Spasmen, Epilepsie, Nackenverspannungen mit Kopfweh, Tics und Unruhe. Er klärt den Verstand, die Augen und die anderen Sinnesorgane.

Gallenblase 30 (Gb30)

Lokalisation: hinter dem Hüfthöcker und vor dem Sitzbeinhöcker in einer Kuhle.

Wirkung: Stärkt Qi und Xue, hilft bei Ischiasbeschwerden und Hüftgelenksarthrose.

Gallenblase 34 (Gb34)

Lokalisation: seitlich unter dem Knie, in einer Delle tastbar, unter dem Wadenbeinköpfchen.

Wirkung: Der Meisterpunkt der Sehnen und Bänder, er hilft bei Muskelverspannungen und sorgt für einen guten Qi-Fluss in den Hinterbeinen.

Gallenblase 41 (Gb41)

Lokalisation: vorne auf dem unteren Hinterbein, seitlich der Sehne, zwischen dem 4. und 5. Mittelfußknochen.

Wirkung: »Öffnet das Gürtelgefäß«, bei Krampfkoliken und Bauchweh allgemein, bei Schwellungen der Genitalien oder Hinterhand, löst Knoten und Schleim.

Punkte auf den Feuer-Leitbahnen

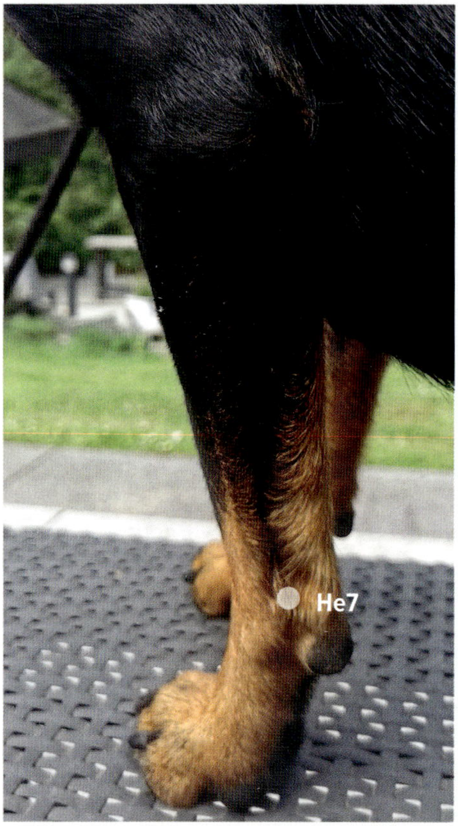

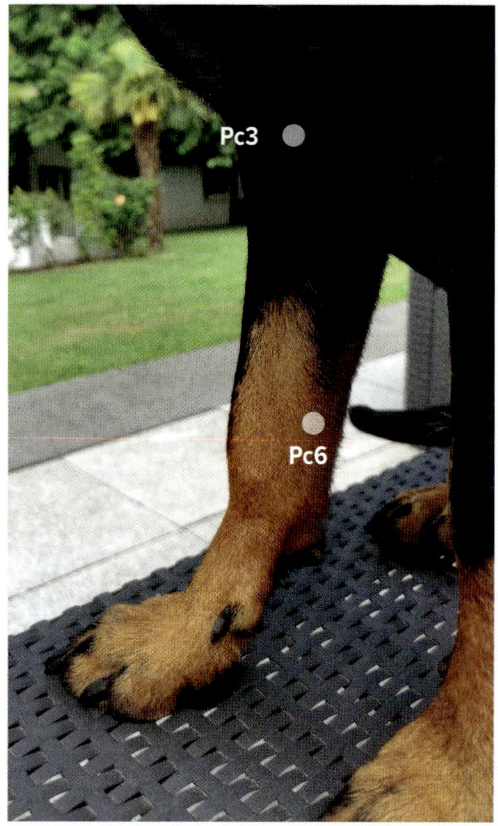

Herz 7 (He7)

Lokalisation: direkt in der Kuhle seitlich außen am Karpalgelenk (Handgelenk).

Wirkung: Sehr wichtiger Herz-Punkt, er beruhigt den Geist, klärt Hitze, kühlt das Xue (Blut und Säfte).
Indiziert bei allen seelisch-körperlichen Beschwerden, die eine Anspannung hervorrufen, wie Angst, Unruhe, Panik und Nervosität, bei Schlafstörungen, Depressionen und Hysterie. Auch bei Gastritis durch Stress sehr gut einsetzbar.

Perikard 3 (Pc3)

Lokalisation: mittig innen in der Ellbogenfalte, vor der Biceps-Sehne.

Wirkung: er kühlt und bewegt Blut (Xue), beruhigt den Magen und den Geist (Übelkeit, Allergien und Hautausschlag, Hitzschlag, Nervosität, Schmerzen im Ellbogen).

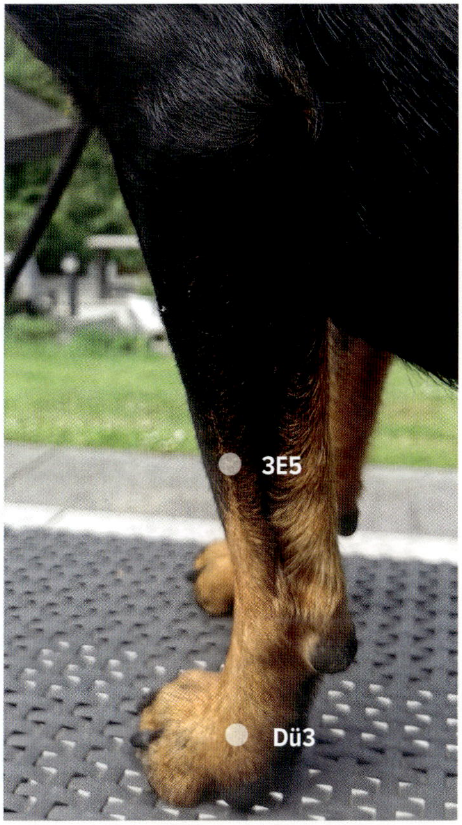

Dünndarm 3 (Dü3)

Lokalisation: Außen am Beginn der 5. Zehe in einer kleinen Vertiefung am Vorderfuß.

Wirkung: Meisterpunkt der Spasmolyse (Verspannungen/Krämpfe)! Bei allen Muskelverspannungen und Krämpfen wie auch Epilepsie oder Nieren- oder Gallensteinen. Hilft bei Schulter- und Rückenschmerzen sehr gut, leitet Nässe ab und wirkt entzündungshemmend bei Mastitis.

Dreierwärmer (3E5)

Lokalisation: An der Vorderseite der Vorderpfote, zwischen Elle und Speiche im unteren Drittel.

Wirkung: Meisterpunkt der kleinen Knochen wird er oft genannt, da er bei Schmerzen in den Zehen hilft. Eine weitere wichtige Wirkung: Er öffnet die Oberfläche, das heißt, er leitet die äußeren pathogenen Faktoren aus, wie Wind und Hitze (Entzündungen der Haut, Abszesse) und heißt daher auch oft »äußeres Grenztor«, er fungiert ein wenig wie die Security, denn auch übermäßiges Leber-Yang (Stress, rote Augen, Wut, Hitze im Kopf, Aggressionen, Hormonstörungen) kann er beseitigen.

Perikard 6 (Pc6)

Lokalisation: 2 Finger breit über dem Karpalgelenk des Vorderfußes, zwischen den Sehnen.

Wirkung: Meisterpunkt für Brust und Herz! Bei Herzproblemen und Angst sehr wirkungsvoll, hilft auch bei Reisekrankheit, Erbrechen und Panik.

Punkte auf den Erde-Leitbahnen

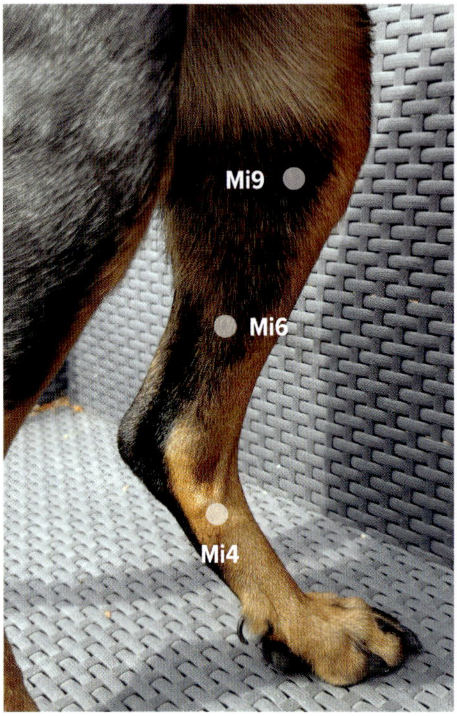

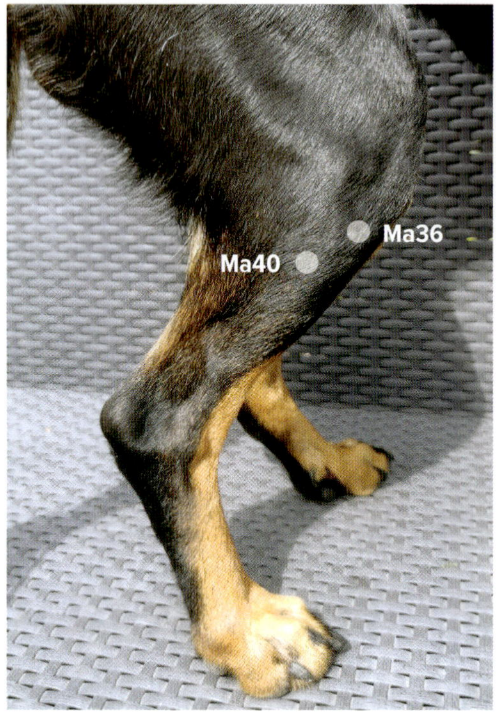

Milz Pankreas 4 (Mi4)

Lokalisation: auf dem inneren Mittelfußknochen, nach außen zum nächsten Knochen in einer Delle (erste Zehe nur rudimentär oder nicht vorhanden).

Wirkung: Meisterpunkt bei Durchfall! Stärkt die Mitte, löst Verkrampfungen, fördert Verdauung und trocknet überschüssige Feuchtigkeit (Pankreasinsuffizienz, Durchfall, Gastritis, Schwäche allgemein), stillt Blutungen, kann Geburtsverlauf erleichtern (Vorsicht während der Trächtigkeit!), kann bei Herzschmerzen helfen, lindert Speiseröhren- oder Magenverschluss-Krämpfe.

Milz Pankreas 6 (Mi6)

Lokalisation: zwischen Achillessehne und Schienbein, dort, wo es weicher wird und der Muskel beginnt.

Wirkung: Meisterpunkt des unteren Abdomens und des Urogenital-Traktes, vertreibt Schleim und Schleim-Hitze, hilft bei Entzündungen der Blase und der Gebärmutter, vertreibt Feuchtigkeit, stärkt die Mitte in ihrer Verdauungsfunktion und das Blut (Xue), kann Wehen auslösen (Vorsicht in der Trächtigkeit), lindert bei Bauchschmerzen und Rückenschmerzen, hilft bei kraftlosen Hinterbeinen.

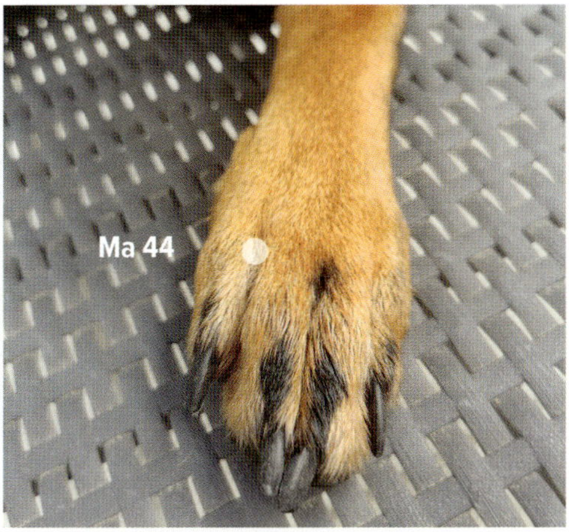

Milz Pankreas 9 (Mi9)

Lokalisation: Innen am Hinterbein, unterhalb des Knies, hinter dem Schienbeinköpfchen, vor dem Muskel in einer Delle.

Wirkung: Der Lokalpunkt für das Knie, daher bei Kniegelenksarthrosen und -entzündungen, bei Durchblutungsstörungen der Hinterhand, Ödemen jeder Art, bei Miktionsstörungen und Blasenentzündungen, Bauchschmerzen mit Obstipation oder Diarrhö.

Magen 36 (Ma36)

Lokalisation: außen am oberen Bereich des Schienbeins, unterhalb des Knies in einer fühlbaren Vertiefung unterhalb des Schienbeinkopfes.

Wirkung: ein wichtiger Punkt für die körperliche Stärke, kräftigt Qi und Blut (Xue), hilft bei fast allen Verdauungsstörungen und bei Bauchweh allgemein, sorgt für den richtigen Transport und die Umwandlung der Nahrung, bei Schwäche, Abmagerung und Überlastung gibt er dem Körper das Yang zurück und weist dem Qi die richtige Richtung.

Magen 40 (Ma40)

Lokalisation: seitlich am Unterschenkel in der Lücke zwischen den Muskeln.

Wirkung: Der Schleimlöser-Punkt, er löst Schleim jeder Art, er klärt auch Hitze, besonders des Magens, aber auch der Lunge und des Herzens und leitet das Qi auf die richtigen Wege. Hilfreich bei Schwellungen, Knoten, Zysten und Schleimansammlungen, bei Asthma, Pankreasinsuffizienz, Hypothyreose, Struma und Lähmungen, auch bei mentalen Problemen wie Antriebsschwäche oder Tics oder manischem Verhalten.

Magen 44 (Ma44)

Lokalisation: oben auf der Hinterpfote, zwischen der 2. und 3. Zehe, genau dort, wo die Hautfalte beginnt. (Der »Dicke Zeh« fehlt meistens, manchmal ist eine 5. Kralle weiter oben erhalten).

Wirkung: Klärt Hitze im Verdauungstrakt, besonders im Magen. Bei stinkendem Durchfall und bei starker Unruhe, klärt den Geist. Kühlt auch bei einer Otitis (Ohrenentzündung) und Mastitis (Milchdrüsenentzündung), zusammen mit Di4 bei Trigeminus-Neuralgie und Faszialis-Parese, sowie Kopfschmerzen bei Fülle und Druckgefühl.

Punkte auf den Metall-Leitbahnen

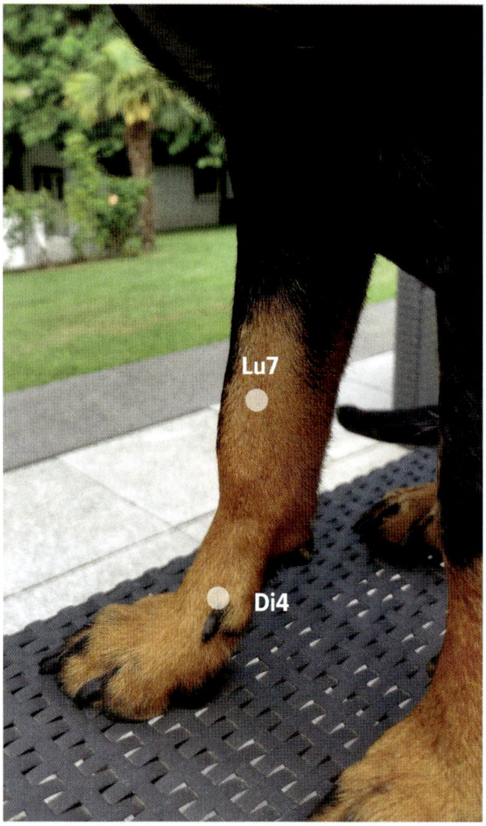

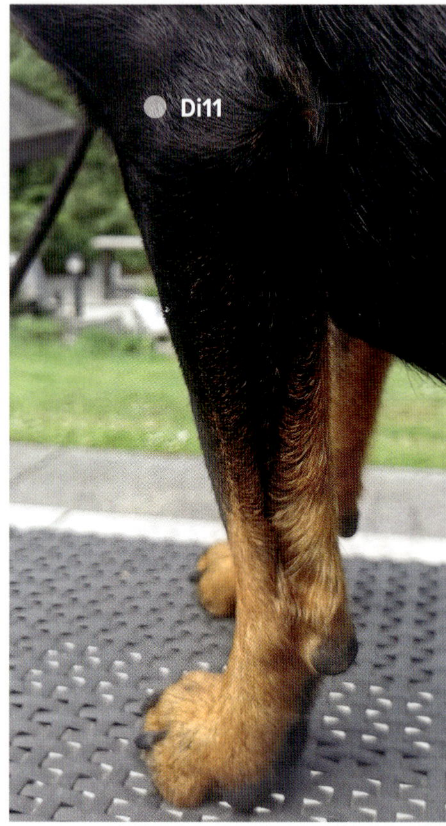

Lunge 7 (Lu7)

Lokalisation: innen am Vorderbein, über dem Karpalgelenk (Handgelenk), unterhalb der Aufspaltung der Blutgefäße.

Wirkung: Meisterpunkt für Kopf und Genick, wichtigster Punkt, um die Lunge und das Immunsystem zu stärken (zusammen mit Dickdarm 4), öffnet die Poren, bewegt Schleimansammlungen, leitet Wind ab. Bei Blockaden in der oberen Halswirbelsäule und bei Nackenverspannungen sehr hilfreich, auch bei Asthma und chronischen Entzündungen der Atemwege sehr wirksam.

Dickdarm 4 (Di4)

Lokalisation: Zwischen der ersten und zweiten Zehe der Vorhand in der Hautfalte.

Wirkung: Meisterpunkt für Kopf und Kiefer, wichtiger Punkt zur allgemeinen Schmerzlinderung, stärkt das Abwehrsystem (mit Lu7 zusammen, »die chinesische

Anitbiotika-Kombi«), befreit die Oberfläche, vertreibt Kälte aus dem Inneren und Wind-Hitze aus dem Äußeren (Fieber, Hautentzündungen auch zusammen mit Juckreiz), löst Verkrampfungen und Verspannungen, bei Nervenschmerzen und Trigeminus- sowie Fazialis-Nerv-Erkrankungen, bei Geburtsschwäche (Vorsicht: wehenfördernd!).

Dickdarm 11 (Di11)

Lokalisation: außen am Vorderbein, in der Falte vor dem Ellbogen, wenn das Bein gebeugt ist.

Wirkung: kühlt das Blut (Xue) und den Körper, leitet Hitze aus, zerstreut Wind, löst Schleim. Er kann Juckreiz verringern und Feuchtigkeit ableiten, besonders bei nässendem Ekzem oder Entzündungen mit Fieber, auch bei Nesselfieber hilfreich.

Punkte auf den Wasser-Leitbahnen

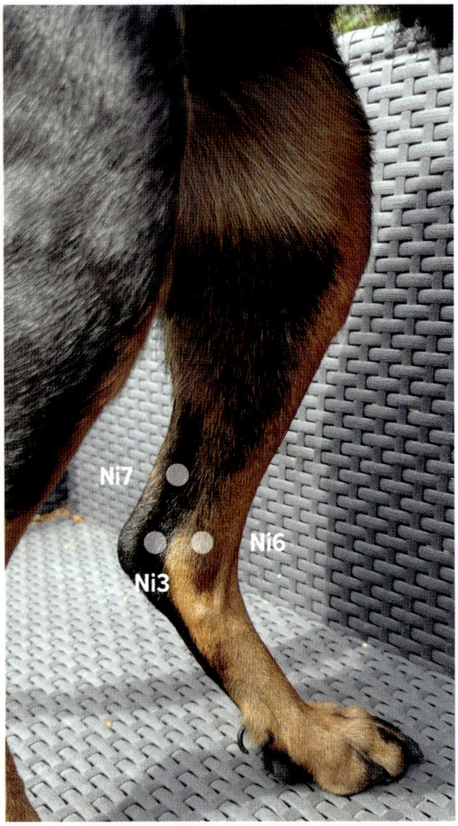

Niere 6 (Ni6)

Lokalisation: innen am Hinterbein, mittig in der Delle auf dem unteren Sprunggelenk.

Wirkung: Bester Punkt, um das Nieren-Yin zu stärken! Daher hilft dieser Punkt bei Knochenkrankheiten, bei Angst und Hitze im Blut und bei trockenen, heißen Hautkrankheiten und bei Überreiztheit und Feuchtigkeitsmangel.

Niere 7 (Ni7)

Lokalisation: am oberen Rand der Achillessehne, etwas unterhalb von Mi6.

Wirkung: Bester Punkt, um das Nieren Yang zu stäken! Hilft besonders bei Kälte-Krankheiten, wie Rückenschmerzen, Durchfall und Bauchweh durch zu wenig Verdauungswärme oder bei zu viel klarem Urin und Feuchtigkeitsansammlungen. Auch bei Arthrose und schwachen Hinterbeinen sehr wirksam.

Niere 3 (Ni3)

Lokalisation: innen am Hinterbein, in der Kuhle der Achillesfersensehne.

Wirkung: Bester Punkt, um die Nierenenergie und die Essenz zu stärken und das Qi zu verteilen. Unterstützt den Wassermetabolismus, hilft dem unteren Rücken und den Knien, bei Fruchtbarkeits- und Zyklusstörungen, Niereninsuffizienz, bei Angst und innerer Hitze, wie auch bei Diabetes mellitus.

Blase 11 (Bl11)

Lokalisation: Mittig über dem Rand des Schulterblattknorpels.

Wirkung: Es ist der Meisterpunkt der Knochen, daher für alle degenerativen Knochenerkrankungen geeignet, er stärkt das Qi, beseitigt zudem Wind und wirkt schmerzlindernd. Er ist auch bei Bandscheibenvorfällen in der Halswirbelsäule ein unterstützender Punkt.

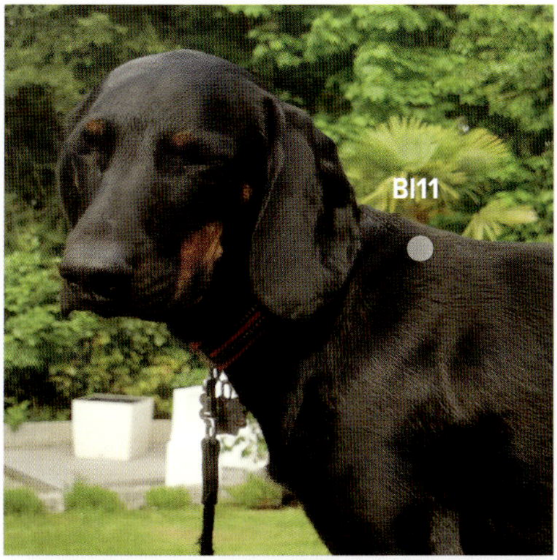

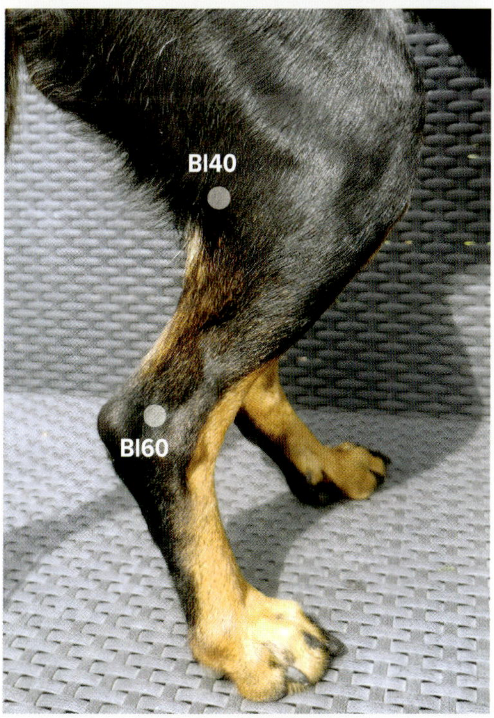

Blase 40 (Bl40)

Lokalisation: in der Kniekehle zwischen den Muskeln.

Wirkung: Meisterpunkt für den unteren (hinteren) Rücken und bei akuten Rückenschmerzen (z.B. Arthritis = akute Entzündung) mit Verspannungen, Ischias-Entzündung, klärt Hitze, auch bei Blasenentzündung und kühlt das Blut. Da er sehr kühlend wirkt, sollte er nicht bei Patienten mit Leere und Kälte-Symptomen (z.B. Arthrose = chronische Knochenerkrankung, ruhend, nicht akuter entzündlicher Schub) angewendet werden.

Blase 60 (Bl60)

Lokalisation: außen am Hinterbein, gegenüber Ni3, in der Kuhle der Achilles-Sehne

Wirkung: Bester Fernpunkt zur Behandlung von chronischem Rückenschmerz entlang der gesamten Wirbelsäule, bis hoch zum obersten Kopfgelenk, aber auch bei Zittern der Hinterbeine sehr wirksam. In Verbindung mit Ni7 stärkt er den schwachen und älteren Hund, auch nach längerer Krankheit und Muskelschwund. Vorsicht: kann Wehen auslösen!

8.

Die Disharmonien (Krankheiten) der Elemente und die passende Unterstützung und mögliche

THERAPIEN

Im Folgenden werden die Krankheiten nach den 5 Funktionskreisen und den 5 Elementen aufgeführt und die möglichen Therapien nach den TCM-Richtlinien erläutert.
Interessant ist sicherlich für jeden Hundehalter wie es einerseits im Vorfeld möglich ist, den Hund bei gewissen Dispositionen zu unterstützen, andererseits auch wie er ihn im Krankheitsfall therapeutisch begleiten kann.
Als Möglichkeiten zeige ich hier die Diätetik, also die Ernährung zur Vorbeugung und zur begleitenden Therapie bei Krankheiten auf, die Kräuterheilkunde mit westlichen, uns bekannten Kräutern, mögliche Zusatzfuttermittel und die Akupressur-Behandlung mit den passenden Punkten.
Vorweg aber noch ein paar Hinweise, die grundlegend zu beachten sind, um den Vierbeiner gesund zu ernähren und fit zu halten.

Fehler in der Fütterung

- Wenn Ihr Tier Kälte-Symptome zeigt (Knochenprobleme, Rückenschmerzen, Kälteempfindlichkeit, viel klarer Urin, helle Schleimhäute etc.), dann sollten Sie auf rohes oder kaltes (Pferd, Ente) Fleisch und Rohkost, Weizen, Gerste, Gurken, Joghurt, Hüttenkäse, Algen, Minze verzichten.
- Wenn Ihr Tier Hitze-Symptome zeigt (Sodbrennen, Entzündungen, rote Schleimhäute, starker Geruch, viel Durst, wenig Urin, Pusteln und rote Hautirritationen etc.), dann sollten Sie auf Trockenfutter, Gebackenes und heißes Fleisch (Lamm, Wild, Ziege), Hafer, Fenchel, Bohnenkraut, Thymian, Rosamarin, Ingwer und andere warmen Kräuter sowie auf zu viel Fett verzichten.
- Wenn Ihr Tier unter Trockenheit leidet, dann ebenfalls kein Trockenfutter und Gebackenes oder Dörrfleisch etc. geben, auch auf trocknende Kräuter wie Thymian, Oregano und harntreibende Pflanzen wie die Brennnessel verzichten.
- Wenn Ihr Tier unter Flüssigkeiten-Überschuss und Fülle-Syndromen leidet, dann sollten Sie keinen Weizen füttern und ebenso auf Milchprodukte, Tofu, saure Nahrungsmittel und Putenfleisch verzichten.

Fütterungsfehler sind leider sehr häufig ein Thema bei der Entstehung von Krankheiten. Aus diesem Grund lege ich ein besonderes Augenmerk darauf, es lässt sich viel durch eine Futterumstellung erreichen.
Ein Zuviel an feuchter Nahrung führt zu Durchfall, Antriebslosigkeit, Schwere, Völlegefühl, zu viel Speichel und fettiges Fell und einer Verdauungsschwäche der »Mitte«. Ein Zuviel an heißer Nahrung fördert Entzündungen, das wirkt dann wie ein Brandbeschleuniger bei Ekzemen, Unruhe und Schlaflosigkeit mit Hecheln. Ebenso ist ein Übermaß an trockener Nahrung ein Graus für alle Schleimhäute, die in ihren Funktionen gestört werden. Ein Säfte-Mangel führt zu Verdauungsstörungen und innerer Hitze, brüchigem Fell und Krallen, Infektionen, trockenen Augen sowie Obstipation. Zu kalte Nahrung führt auf Dauer zu Verdauungsschwäche, weil die innere Wärme, die für die Verdauung nötig ist, geschwächt wird, die Muskulatur verkrampft sich und wird weniger, das

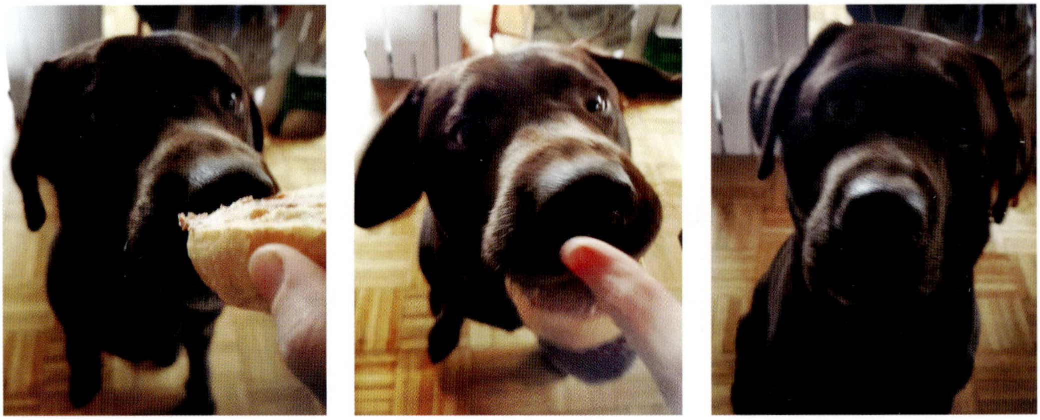

Labradore können Brötchen »einatmen«. Sie sehen das Brötchen, schnappen es sich und zack, weg ist es.

Arthrose-Risiko kann steigen, auch die Lebens-Energie und Leistung fallen ab.
Sollte der Hund nicht unter einer Unverträglichkeit auf bestimmte Nahrungsbestandteile leiden, sind hier schnell Erfolge zu erwarten.
Auch bei Allergien auf einzelne Futtermittelkomponenten gibt es viele Möglichkeiten. Hunde dürfen ja doch einiges essen, irgendetwas findet sich immer. Wenn es keine Unverträglichkeiten gibt, kann man aus dem Vollen schöpfen und manchmal darf es auch etwas »Verbotenes« sein.
Das Brötchen am Sonntag sollte eine Ausnahme sein, egal welche Konstitution der Hund hat. Keks ist der Hund meines Patenkindes, daher bin ich quasi die Tante. Tanten dürfen das. (Auch wenn sie stets predigen, dass so etwas niemals in den Hund gehört ...)

Bitte bedenken Sie, dass zum Beispiel ein kurzes Stück Ochsenziemer genauso viel Fett enthält, wie ein Töpfchen Hüttenkäse, oder ein normal großes Schweineohr schon mehr als die Hälfte der empfohlenen Tagesmenge an Energie ausmacht.

Kauartikel sind generell nur schwer verdaulich, allein schon durch ihren hohen Anteil an Bindegewebe, vom Fettgehalt mal ganz abgesehen. Auch das Füttern von getrockneten Innereien, wie zum Beispiel Lunge, kann ordentlich Blähungen verursachen, da diese nicht leicht zu verdauen sind. Hunde, die eine Verdauungsschwäche zeigen, sollten nur getrocknetes Muskelfleisch als

Schweineohren, fettig und ziemlich ungesund.

Dörrfleisch verursacht oft Blähungen.

Leckerchen erhalten, denn Ochsenziemer, Kaninchenohren oder gar Sehnen bekommen sie fast gar nicht verdaut. Hunde mit einer Neigung zu Sodbrennen, sollten Kauartikel nach der Hauptmahlzeit bekommen, da sie sonst auf nüchternen Magen sehr mit der ganzen Magensäure zu kämpfen haben, die durch das Kauen produziert wird. Dörrfleisch ist getrocknete und gespaltene Speiseröhre. Sie enthält sehr viel Bindegewebe und manchmal auch Schilddrüsengewebe, was sich nachteilig auf die Gesundheit Ihres Hundes auswirken kann.

Therapiemöglichkeiten

Es handelt sich um Erfahrungswerte aus meiner langjährigen Praxistätigkeit sowie Empfehlungen aus einschlägiger Literatur der Tiermedizin und TCM-Lehren (siehe empfohlene Literatur am Ende des Buches zum Weiterlesen). Diese Liste ist keinesfalls komplett. Die empfohlenen Kräuter und Zusätze sollten nie alle gleichzeitig gegeben werden, suchen Sie ein bis drei passende Mittel aus und beobachten Sie die Wirkung. Achten Sie auf ausgeglichene »Temperaturverhältnisse« und suchen Sie sich nach Möglichkeit nicht beispielsweise nur kalte Zusätze aus, denn diese könnten zu Stagnationen führen. Bitte beachten Sie die Dosierungsempfehlungen auf den Verpackungen, wenn Sie Einzelkräuter, Säfte oder Ähnliches bestellen. Auch sind die diätetischen Empfehlungen keine kompletten Mahlzeiten, bitte achten Sie auf die ausreichende Mineralisierung, Kalziumzufuhr und Öle oder Fette, damit es nicht zu Mangelerscheinungen durch den Diätplan kommt. Genaue Futterpläne können hier nicht ausführlich beschrieben werden, dafür gibt es gute Literatur und Beratungsstellen (siehe Seite 173).

Ganz Wichtig: Diese Therapievorschläge ersetzen keinen Tierarzt! In manchen Fällen bedarf es schulmedizinischer Untersuchungen und Medikationen, diese Vorschläge im Buch können dann begleitend eingesetzt werden.

Erkrankungen des Leber- und Gallenblasen-Funktionskreises (Holz-Element)

Leber-Qi-Stagnation

Bauchweh und Völlegefühl (beim Hund durch Unwohlsein und häufiges Platzwechseln zu erkennen), Blähungen, Krampfkoliken, Verspannungen, Kopfschmerzen (an müdem Blick und Stöhnen zu erkennen)

Galleflussstörungen, kleinknolliger Kot, Hormonstörungen mit Stimmungsschwankungen, Scheinträchtigkeit, Zysten, Reizbarkeit, keine Geduld, wenig Toleranz, Stresstoleranz niedrig, Kopfschütteln (Ohrenthematik)
Zunge: normal bis blass, evtl. Ränder etwas dicker, wenn Hitze dabei auch rötlich, evtl. sogar am Rand eingerollt

Therapie

Den Qi-Fluss wieder herstellen und die Leber regulieren.

a. Diätetik:
kein heißes oder gar gebratenes und gebackenes Fleisch oder Futter, lieber Gegartes oder Gekochtes geben (Rind, Büffel, Kalb) und durch Entblähendes wie Fenchel und Lauch ergänzen, als Kohlenhydratspender sind Kartoffeln geeignet. Auf Konservierungsstoffe weitestgehend verzichten, auch Nahrungsmittel mit saurem Geschmack oder thermisch kalte Futtermittel sollten gemieden werden. Dörrfleisch oder fettige Kauartikel sollten vom Speiseplan gestrichen werden. Möglicherweise herrscht ein Vitamin-B-Mangel, lassen Sie das abklären. Generell bitte fettarm füttern, da das die Verdauung verlangsamt und viel Gallensäuren benötigt.

Minze wächst mehrjährig im Topf und ist schwer kaputt zu bekommen, daher für jeden auch ohne grünen Daumen kultivierbar.

b. Kräuterheilkunde:
Pfefferminze 1 bis 3 Gramm, kühl bis neutral, scharf, entkrampft, entbläht, entspannt, schmerzlindernd, gut nach einem verdorbenen Magen. Wirkt auf Magen, Kopf und Leber besänftigend, verhindert Maulgeruch – nicht bei Gallensteinen anwenden, da gallenflussanregend.

Schafgarbe 0,5 bis 2 Gramm, neutral, bitter, leicht scharf, verdauungsfördernd, galletreibend, entkrampfend, entzündungshemmend, blutbewegend, wirkt auf Niere und Uterus, Leber und Gallenblase, Magen und Herz.

Kümmel 0,5 bis 2 Gramm, warm, scharf, leicht süß, stärkt die Mitte, entbläht, schmerzlindernd, schleimlösend, durchblutungsfördernd, wirkt gegen Pilze im Darm, öffnet die Oberfläche, wirkt auf die ganze Mitte.

Löwenzahn als Saft oder Sirup, dann kühl bis neutral, bitter und süß zugleich, bildet Blut und reinigt es, regt die Tätigkeit von Leber und Galle an, hilft der Verdauung, bewegt Qi im Körper bei Anspannung und Verspannung, reinigt, entwässert, entzündungshemmend, stärkt das Qi im Gesamten, entgiftet und fördert das Allgemeinbefinden.

Fallbeispiel: Trienchen
Trienchen, eine Dackelhündin, litt regelmäßig an Scheinträchtigkeiten. Glücklicherweise kam es nie zu einer Gebärmutterentzündung, was in Folge zu einer Kastrations-Empfehlung geführt hätte. Aber sie bildete leicht Milch und war zeitweise psychisch sehr beeinträchtigt, weinte, fraß schlecht und war kaum aus ihrem Körbchen zu bewegen. Was konnte ihr helfen?
Trienchen bekam unmittelbar nach der Läufigkeit wöchentlich mehrmals frische Pfefferminze und Löwenzahnsirup, täglich nur die Mitte stärkende Nahrungsmittel wie Kalb, Pferd, Kürbis, Karotten und Reis. Bitte verzichten Sie hier auf Fenchel, da er die Milchbildung anregt. Des Weiteren wurde sie jeden zweiten Tag an den Punkten Le3, Mi6 und 3E5 akupressiert. Außerdem gab es nach ca. 6–8 Wochen, wenn die Scheinträchtigkeit drohte oder sich in Anfängen zeigte, zusätzlich Schafgarbe (gegen Gebärmutterentzündungen) und Salbei (gegen Milchbildung). Trienchen wurde – meist gegen ihren Willen – zum Spazierengehen gebracht, denn Bewegung ist hier sehr wichtig, um das Qi wieder in Fluss zu bringen. Abwechslung hilft ungemein. Homöopathika, wie z.B. Hormeel ad. us. vet., sind ebenfalls sehr hilfreich. Fragen Sie gezielt bei Ihrem Tierarzt oder Tierheilpraktiker nach.

Kurkuma in Kapseln oder Tropfen nach Dosierungsvorgabe. (Bitte als Ergänzungsfuttermittel für Hunde besorgen, da in Humanpräparaten Polysorbat 80 beigefügt sein kann, welches giftig für Hunde ist.) Bitter, scharf, neutral bis warm, wirkt stoffwechselanregend, entgiftend, da leberanregende Eigenschaft, öffnet die Oberfläche, blutreinigend, bewegt Qi im ganzen Körper, wirkt entzündungshemmend, antiviral, antitumoral, stärkt Sehnen und Bänder, wirkt auf Leber, Milz und Magen, Lunge und Dickdarm und Herz-Kreislauf.

c. Akupressur-Punkte:
Le3 als wichtigster Punkt, weiterhin eignen sich Ma36 und Gb34 sowie Gb41.

Leber-Qi-Mangel

(auch Yang- und Yin-Mangel gleichzeitig, auch mit Xue-Mangel, da die Funktion als Ganzes eingeschränkt ist)

Entgiftungsschwäche, Müdigkeit, Mutlosigkeit, blasse oder grau-gelb schimmernde Schleimhäute, ausbleibende Hitze der Hündin, Gleichgewichtsstörungen, Schwindel, Fettverdauungsstörungen, trockene Augen, Sehstörungen, brüchige Krallen, Schlafstörungen, schlechte Träume, Unruhe nachts, Gemüt schnell genervt
Zunge: kleiner und schmal, blass, besonders am Rand

Therapie

Das Leber-Yin und das Leber-Blut stärken und die Arbeit der Leber (Leber-Qi) wiederherstellen.

a. Diätetik:
Um die Ansammlungen in der Leber abzuleiten und den Stoffwechsel und die Entgiftungsfunktion wieder herzustellen, damit das Leber-Blut und die Leber-Energie wieder hergestellt werden können, sollte eine Leber-Diät für mindestens 4 bis 6 Wochen eingehalten werden: kein Pansen, Lunge oder Schlund füttern (wegen der hohen Bindegewebsanteile, die schwer verdaut werden und daher Toxine im Darm freisetzen), keine Konservierungs-, Geschmack- oder Aromastoffe, nichts Austrocknendes wie Trockenfutter und nichts thermisch Heißes füttern. Stattdessen gekochtes oder gedünstetes Hühner- oder Kalbfleisch, Kartoffeln, Hüttenkäse, Zucchini, Karotten, Mangold, Fenchel, Sellerie, Kürbis und Petersilienwurzel. Getrocknete Heidelbeeren sind richtige Booster für das Blut. Weniger Kekse, lieber getrocknetes Muskelfleisch als Leckerchen oder selbstgemachte Kekse aus Hüttenkäse, Honig, Spirulina und Amaranth oder Bockshornklee geben (auch als Einzelzusätze im Futter geeignet), alles kühl, substanzbildend und süß bis salzig. Als Fett eignet sich Kokosfett und Omega-3-Fette, wie Lachsöl, das entzündungshemmend wirkt. Achten Sie auf die Gabe von zusätzlichen Mineral-Vitamin-Präparaten.

b. Kräuterheilkunde:
Auch hier ist **Löwenzahn (als Sirup)** siehe Dosierungsanleitung des Produktes, die Nummer Eins (siehe Leber-Qi-Stagnation), zusammen mit **Mariendistel** neutral bis warm, bitter, leicht scharf, stärkt das Leber-Qi, Gallefluss und Verdauungsenzyme anregend, kann Leberzellen erneuern, besonders nach Vergiftungen oder Vergiftungserscheinungen, hilft bei Analfissuren und Analbeutelentzündungen, gegen Blähungen wirksam, Vorsicht: wirkt milchbildend!

Petersilie 1 bis 2 Teelöffel frisches Kraut neutral bis warm, bitter, salzig, stärkt Leber-Blut, reinigt, fördert Wasserausscheidung, nicht bei Nierenschwäche anwenden!

Artischockenpulver 0,5 bis 2 Gramm kühl und bitter, leicht süßlich und leicht salzig, regt Gallefluss an, reduziert Blutfette und Cholesterin, regt die Säfte an, bewegt das Leber-Qi – nicht bei Gallesteinen anwenden!.

Brennnesselkraut 0,7 bis 1 Gramm meist neutral, leicht bitter, süßlich, auch salzig, vitalisierend, blutreinigend, blutbildend, leitet Schleim aus, reinigt, durchspült das Gewebe, wirkt antiallergisch, ableitend, hilft auch bei Hautproblemen, Schuppenbildung und Haarausfall, nicht bei Nierenschwäche anwenden, da sie diuretisch wirkt!

Brennnesselsamen sind gut geeignet und haben zusätzlich viel gesundes Protein und Eisen.

Hier bieten sich Zusätze wie Vitamin-B-Präparate an, auch der Heilpilz Maitake (Einschleichen mit geringer Dosierung!) kann helfen, die überlastete Leber zu entlasten.

c. Akupressur-Punkte:
Le3, Mi6, Ma36 und Ma40

Leber-Yang-Überschuss

hochschießendes Leber Yang, oft auch mit Wind vergesellschaftet

Bindehautentzündung, rote gereizte Augen, multiple Allergien, starker Juckreiz, gerötete Haut, Epilepsie, Schwindel, Vestibular-Syndrom (innerer Wind mit Schleimansammlung), Krämpfe bis hin zu Krampfanfällen (es gibt sogenannte »Leber-Krampf-Attacken durch eine überreizte Leber, aber auch nach Kontakt mit toxischen Substanzen), Steifheit, Hypersexualität, Aggressionen, Mastitis bei Scheinträchtigkeit, Erbrechen von Galle nach Ärger, Hitze verschlechtert alles, Kopfweh und steife Nackenmuskulatur, Unruhe, Schlaflosigkeit, wilde Träume, viel Durst, mag nicht gerne an den Rippen oder am Bauch angefasst werden, Ohren entzündet, heiß und schmerzhaft. Schlechte Laune bis hin zu Aggression möglich, schlecht händelbar.
Zunge: rot, auch Schleimhäute sind rot, meistens trocken, manchmal gelber Belag, wenn Entzündungen im Körper sind, rasend schneller Puls

Therapie

Leber-Yang beruhigen, Wind und Hitze ableiten, befeuchten, wenn trockene Hitze herrscht, den Geist beruhigen.
(Wenn die Hitze in der Leber zu viel wird, steigt sie nach oben, das passiert besonders nach Leber-Qi-Stagnationen und Leber-Blut-Mangel, aber auch bei Toxin-Überlastung.)

a. Diätetik:
Unbedingt die Leber-Diät (siehe Leber-Qi-Mangel) einhalten und keine thermisch heißen oder trocknenden Nahrungsmittel geben. Gurke als Leckerchen (wenn sie gefressen wird) wirkt Wunder. CBD-Öl kann hier auch gut Abhilfe schaffen, es hilft dem Parasympathikus und beruhigt.

b. Kräuterheilkunde:
Pfefferminze, Minzen allgemein: siehe Leber-Qi-Stagnation.

Melisse: 1 bis 5 Gramm leicht kühl, etwas bitter, aromatisch, blutdrucksenkend, entkrampfend, entblähend, schmerzlindernd, leitet Hitze aus, klärt Magen- und Herz-Feuer, besänftigt aufsteigendes Leber-Yang, beruhigt den unruhigen Geist, wirkt auf Leber, Herz und Magen, gut bei Tics, Spasmen, Unruhe, nervösem Magen, Muskelschmerzen- und Verspannungen, Milchknoten, auch antiviral und gut gegen Nervenschmerzen.

Natürlich auch hier wieder **Löwenzahn** als Sirup (Siehe andere Leber-Syndrome) und die **Passionsblume** 0,5 bis 2 Gramm, kühl, leicht bitter, stark beruhigend, entkrampfend, angstlösend, besänftigend auf das überschießende Leber-Yang, schmerzlindernd, entspannt Muskeln und Sehnen, beruhigt den aufgewühlten Geist, bei Zittern und Zappeln. Hilft bei Herz- und Leber-Feuer, Neuralgien, Tics und Krämpfen, löst das »In-sich-Reinsteigern«, bei nervlicher Überlastung und länger anhaltendem Nieren-Yin-Mangel.

Ginkgo als Tinktur/Extrakt 3 bis 5 Tropfen pro Tag, neutral, bitter, leicht süß. Bewegt stark das Blut, antiödematös, durchblutungsfördernd, steigert die Mikrozirkulation, reguliert Gefäßtonus von Arterien und Venen, kann bei zerebralen Leistungseinbußen (Bewegungs- und Reaktions-Störungen, Demenz), bei Herz-Kreislauf-Erkrankungen, Schwindel, Tinnitus helfen.

c. Akupressur-Punkte:

Gb20, Le3, Pc3 und He7, Ma40 (bei Vestibular-Syndrom und neurologischen Beschwerden), Di11 (leitet Hitze aus dem Kopf), Dü3 bei spastischen Krämpfen.

Fallbeispiel: Bosse

Bosse, ein damals junger Berner-Sennen-Rüde, intakt und gut bemuskelt, litt häufig an roten Augen, roten Schleimhäuten, wiederkehrenden Ohrentzündungen und Nahrungsmittelunverträglichkeiten. Er bewegte sich auch oft etwas »spannig« und war gar nicht »Berner-sennen-typisch« aufgeschlossen, eher zurückhaltend, brummelnd und abwartend. Eine Untersuchung duldete er, ohne Knurren, aber man sah ihm an, Anfassen und feste Gucken war schon eine Zumutung für ihn. Eigentlich war ich zur Behandlung der Hündin der Besitzerin vor Ort, aber Bosse fiel mir auf. Während der Behandlung der Hündin Emmi, die brav und entspannt die Akupunktur genoss, nadelte ich auch Bosse den Punkt Le3. Er schaute mich beleidigt an, den Blick von ihm vergesse ich nie. Die Nadel blieb ungefähr 5 Minuten in ihm, dann fiel sie von alleine raus. Bosse stand auf, ging in ein anderes Zimmer und ließ sich laut stöhnend in die Kissen fallen. Dort schlief er mehrere Stunden tief und fest. Als er aufstand, waren die roten Augen weg. Bosse wurde in der Fütterung auf Nassfutter (Rind mit Gemüse) umgestellt, bekam Melisse und Löwenzahnsirup (den wir aber wieder absetzen mussten, wegen allergischen Reaktionen, die sehr selten vorkommen) und die Probleme verschwanden langfristig. Sein »Super-Punkt« Le3 wird regelmäßig akupressiert, wenn er Probleme mit seinem Teil-Element Leber zeigt.

Exkurs: Ein paar Worte zu Allergien und Nahrungsmittelunverträglichkeiten

Auch unsere Vierbeiner leiden immer häufiger unter einer oder gleich mehreren Allergien oder Unverträglichkeiten, sei es durch Reaktionen auf Milben oder Flöhe oder auf Nahrungsmittel und deren Bestandteile oder Zusatzstoffe. Generell hilft hier eine Entgiftung in Form von Leber- und Gallenfluss anregenden Kräutern plus einer guten Darmsanierung, die mit Xeolith (besondere Heilerde), Flohsamen und zusätzlichen Darmbakterien durchgeführt wird.

Weiterhin heißt die Devise: „Back to the roots", minimalistische Fütterung (Auswahl, nicht Futtermenge!), keine Konservierungs- und Geschmacksstoffe, keine geschwefelten Kauartikel, leichte Kost, wenig Stress, viel Bewegung. Eine Eleminationsdiät ist angezeigt, wenn man Futtermittelallergien vermutet, die sich durch Ohrentzündungen, Juckreiz, Pfoten-Beißen, Hauterkrankungen, Sodbrennen, Erbrechen, Bauchweh oder Durchfall zeigen können. Wichtig ist, sich für ein bisher noch nicht verfüttertes Protein (Fleischsorte), ein Gemüse und eine Calcium-Quelle, sowie ein Öl zu entscheiden. Es gibt auch einige gute Fleischdosen, aber lesen Sie bitte gründlich die Deklaration durch! Wenn dann keine allergischen Reaktionen auftauchen, wird ein einziger Bestandteil in der Mahlzeit nach einer Woche geändert, um genau sagen zu können, welches Futtermittel funktioniert und welches nicht. Ändern Sie sofort die Einzelkomponenten, wenn Beschwerden auftreten. Allergische Reaktionen des Verdauungstraktes sieht man häufig nach wenigen Stunden bis zu zwei Tagen. Reaktionen, die die Haut oder Ohren betreffen, zeigen sich möglicherweise erst nach mehreren Tagen. Daher immer eine ganze Woche bei einer Mahlzeit bleiben, wenn sie klappt. Wird der Verdauungstrakt über eine längere Zeit nicht mit überschießenden Immunreaktionen und dadurch entstehenden unterschwelligen Entzündungen belastet, können die gereizte Schleimhaut und die Entzündung abheilen. Häufig kann der Hund in drei Monaten bis einem Jahr wieder „allergiefrei" werden. Es gibt Hunde, die bleiben ihr Leben lang empfindlich, je nach Konstitution. Metall- und Holz-Typen sind anfällig dafür, sie sollten ganz besonders vorsichtig gefüttert werden. Sie neigen durch innere Hitze und Trockenheit schneller zu Erkrankungen der Schleimhäute.

Übrigens: Lassen Sie die Schilddrüsen-Werte Ihres Hundes checken, wenn dieser Haut- und Fellprobleme oder immer wieder allergische Reaktionen zeigt. Die Schilddrüse greift in viele Stoffwechselprobleme ein. Bei einer Unterfunktion wird dieser verlangsamt und die Leber sammelt mehr schädigende Stoffe an, als sie hergeben kann. Durch diese Überlastung kann eine Hitze oder zumindest eine Disharmonie in der Leber entstehen, die dann auf den Verdauungstrakt schlägt.

Erkrankungen des Funktionskreises Herz/ Dünndarm

Hier werden nur die Herz-Syndrome besprochen, die Dünndarm-Erkrankungen sind als solche bei den Krankheiten der Milz (Mitte) aufgeführt, zusammen mit anderen Verdauungsstörungen.

Herz-Qi-Mangel

(auch in Kombination mit Herz-Yang-Mangel)

Kurzatmigkeit, Leistungsabfall, viel Hecheln, schwaches Bellen, Müdigkeit, Zunge: meist blass und kraftlos, Puls: schlecht tastbar, wenn ein Yang-Mangel dazukommt, dann belasten auch zusätzlich Wassereinlagerungen die Lunge und kalte Extremitäten den Hund, nächtliche Unruhe, Husten und Ängstlichkeit nehmen zu, Zunge sehr blass und eher geschwollen

Therapie

Die Herz-Energie stärken und wärmen

a. Diätetik:
Wild, Rind- und Hühnerfleisch oder Lachs, Buchweizen, Amarant, Kürbis, Fenchel, Haferflocken, Schafs- oder Ziegenkäse, unbedingt thermisch Kaltes oder auch Scharfes meiden, um Ödeme zu verhindern, Fettiges ist zu schwer verdaulich und belastet das Herz sekundär. Als Ergänzung bieten sich Traubenkernextrakt (OPC) oder Lecithin an. Achten Sie auf eine gute Mineralisierung und ergänzen Sie Elektrolyte, wenn nötig. Ein Check des »roten Blutbildes« gibt Aufschluss. Als Vitalpilz eignet sich hier der Reishi, als »Pilz des ewigen Lebens« und der Lebenskraft.

b. Kräuterheilkunde:
Weißdorn 0,5 bis 1 Gramm, leicht kühl (Blüten), warm (Beeren), süß-sauer, bildet Herz-Blut, stärkt das Herz-Qi, durchblutungsfördernd, stabilisierend und vitalisierend.

Rosmarin 2 bis 6 Gramm, warm, bitter, aromatisch, stärkt das Herz-Qi und den Geist, bewegt das Blut, wärmt auch kalte Extremitäten, kann gegen Lymphstau wirken, beseitigt Nässe und Schleim, wenn zusätzlich ein Herz-Yang-Mangel besteht.

Ginseng Dosierung schwankt je nach Darreichungsform, daher Anweisung vom Hersteller beachten, neutral bis warm, süß, leicht

Rosmarin wächst mehrjährig im Beet oder Topf.

bitter, nährt das Herz und den Geist, auch bei Schwäche und Ängstlichkeit gut einzusetzen, adaptiv und antidepressiv, erhöht Östrogen und Testosteron, stärkt die Lebensenergie, nicht bei Schlaflosigkeit anwenden.

Baldrian 1 bis 5 Gramm (Wurzel, Tinktur niedriger dosieren), neutral, süß und bitter, schmerzlindernd, beruhigt, harmonisiert, entkrampft und stärkt das Herz-Qi, bei Konzentrationsstörungen sehr hilfreich,
Ginkgo (siehe Leber-Yang-Überschuss)

c. Akupressur-Punkte:
He7, Pc6, Reiben (auf und nieder) der Innenseiten der Vorderbeine, Ma36 zum allgemeinen Stärken

Herz-Yin-Mangel
(oft mit Blut-Mangel, auch mit evtl. Herz-Feuer und Qi-Blockaden des Herzens vergesellschaftet)

Schreckhaftigkeit, Ruhelosigkeit, ständiges »Getrieben-Sein und »Heiß-Laufen«, beinahe manisches Verhalten, Hunde finden kein Ende beim Spielen, wildes Träumen, Tics, kann bis zur Epilepsie führen. Alles wirkt hektisch.
Zunge: rot, besonders an der Zungenspitze, manchmal Kerbe in der Mitte der Zungenspitze, meistens kein Belag, eher trocken, Puls ist sehr schnell, auch in Ruhe noch erhöht.

Therapie
Das überhitzte Herz kühlen, indem Substanz (Herz-Blut) aufgefüllt wird, welche beruhigend wirkt, die Herz-Gefäß-Blockaden lösen, den Geist besänftigen.

a. Diätetik:
Thermisch kühlendes und befeuchtendes Fleisch wie zum Beispiel von der Pute oder der Ente (Vorsicht Fettgehalt), auch Huhn, Lachs und Kabeljau gehen gut. Hüttenkäse, Mangold, Sauerampfer, Sellerie, Petersilienwurzel (alles auch blutbildend), Zucchini, Gurke, Salat, Rucola, Hirse, Gerste, Sesam. Als Zusätze sind Lebertran-Öl, OPC (Traubenkernextrakt), Spirulina-Alge (kalt und blutbildend, sollte unbedingt probiert werden, sofern keine Schilddrüsen-Überfunktion besteht!) und Vitamin B Komplex gut geeignet. Verzichten Sie unbedingt auf thermisch Heißes und Warmes im Futterplan, verwenden Sie weniger Fett (keine fettigen Kauartikel zur Beschäftigung!), auch Scharfes ist nicht geeignet, kein Trockenfutter geben, da es nur noch mehr Feuchtigkeit entzieht und das Innere anheizt. Kekse mit Hüttenkäse, Hirse und Spirulina gehen aber meist.

b. Kräuterheilkunde:
Melisse und Pfefferminze (siehe Leber-Yang-Überschuss), **Passionsblume** (siehe ebenfalls Leber-Yang-Überschuss), **Baldrian** (siehe Herz-Qi-Mangel), ist besonders gut bei unruhigen Nächten, **Hopfen** ca. 2–3 Gramm, kühl und bitter, beruhigt den Geist, entkrampft, klärt Hitze, stärkt das Herz-Yin, hilft bei Magen-Feuer und vegetativen Verdauungsstörungen, klärt auch feuchte und hitzige Hautkrankheiten, hemmt die Stress-Reaktionen, löst Stagnationen, regt den Appetit an, nicht bei Scheinträchtigkeit anwenden, da leicht milchflussfördernd.

c. Akupressur-Punkte:
He7, Pc6, Pc3, Ni6, Ma40

Fallbeispiel: Schröder

Schröder ist ein sechsjähriger Labrador-Vizsla-Rüde, intakt, hatte schon lange Probleme mit Sodbrennen, phasenweise stinkenden Durchfällen und auch für einen Labrador-Mix ungewöhnliche Fressattacken. Erde, Gras (Unmengen davon) und die Minze im Garten mussten dran glauben. Er war schon immer ungeduldig und ein Balljunkie, wollte nie aufhören zu spielen. Er zog auch stets an der Leine, war unkonzentriert und hatte Schwierigkeiten beim Erlenen von Neuem und Regeln allgemein. Er bekam auf Dauer viele Lipome und rote Haut am Bauch, die er sich oft aufkratzte. Seit dem Welpenalter bekam er Trockenfutter und Dosenfutter (nichts wirklich Hochwertiges, viel Bindegewebe) gemischt. Der Hund begann unangenehm zu riechen, seine Stimme war rau, trotzdem bellte er viel. »Die Zunge war schon immer so rot«, sagte der Besitzer im Anamnesegespräch.

In letzter Zeit fand Schröder nachts keine Ruhe, lief viel umher, hechelte. Seine Zunge wurde bald livide und er war tagsüber oft etwas ungehalten. Die Hinterbeine zitterten häufig und dann in einer Nacht hatte er einen Krampf-Anfall, der an Epilepsie erinnerte, was dann zum Glück in der Klinik nicht bestätigt wurde. Das Herz wurde nicht näher untersucht, das Blutbild zeigte viel Blutfette, schlechte Leberwerte, erhöhte Entzündungswerte und ein leicht schwaches rotes Blutbild. (Hier bestätigt sich, dass ein Herz- oder Leber-Blut-Mangel nicht im klassischen Blutbild zu sehen sein muss, aber dennoch TCM-Syndrome hervorbringt, die sich bei Behandlung schnell bessern.) Schröder bekam eine Leber- Kur, eine Antibiose und ein Diät-Trockenfutter vom Tierarzt.

Es kam zwar zu keinen neuen Krampfanfällen, aber der Rest besserte sich nicht. Wir stellten Schröder auf ein gutes Nassfutter (Lachs und Kalb oder Pferd mit Gemüse im Wechsel) um, da die Besitzer nicht barfen wollten. Er bekam anfangs drei Mahlzeiten (mittags täglich eine Ladung Hüttenkäse mit Gurke und Spirulina), später wieder nur zwei, wobei der Hüttenkäse und die Spirulina-Alge dann in die Mahlzeiten gemischt wurden. Schröder bekam zusätzlich Löwenzahnsirup, Passionsblume, Melisse und Oregano frisch gehackt ins Futter, denn frischer Oregano hilft gegen Sodbrennen und Schleimansammlungen (Blutgefäße sowie Lipome) und wirkt antibiotisch (soll auch gegen Helicobacter-Infektionen helfen). Löwenzahn unterstützt die Leber, bildet Blut, kühlt und hilft bei der Fettverdauung. Zusätzlich bekam Schröder Darmbakterien, da seine Darmflora durch die Hitze und falsche Bakterien nicht in Ordnung war (nach Laborprobe). Nach drei Monaten war das Blutbild insoweit okay, dass keine Entzündungswerte mehr erhöht und die Blutfette wieder niedrig waren, die Leber brauchte noch etwas Zeit, die Werte waren aber deutlich besser. Das Ballspielen wurde durch lange Spaziergänge und ein paar Suchspiele ersetzt.

Empfohlene Akupressur-Punkte waren bei Schröder: He7, Pc6 im Wechsel mit Le3, Ma40 (Schleim-Lipome und Manie). Möglicherweise hätte es nicht zu einem Krampfanfall und Entzündungswerten kommen müssen, wenn man rechtzeitig auf die deutlichen »Hitze-Zeichen« reagiert hätte (rote Zunge, starker Geruch, Sodbrennen, Grasfressen, fanatisches Spielen, Unruhe). Die Entzündungswerte zeigten eine generelle Bereitschaft zu entzündlichem Geschehen, sicher waren der Darm und die Haut ein Thema, ebenso der gereizte Magen und die Schleimhäute. Die gestaute Hitze in Schröders Körper wirkte wie ein Brandbeschleuniger.

Erkrankungen des Milz-Magen-Funktionskreises (Erd-Element) inklusive Dünndarm (Feuer-Element) und Dickdarm (Metall-Element)

Hier werden die gesamten Verdauungsprobleme behandelt, sofern sie nicht von einer Autoimmunerkrankung stammen. Morbus Addison, Diabetes und auch die IBD werden am Ende des Buches angesprochen.
Dünn- und Dickdarm gehören anderen Funktionskreisen an, werden aber hier in Verbindung mit der Mitte behandelt, da es sich für den Besitzer als Krankheit im »Verdauungstrakt« darstellt und gemeinsam therapiert wird. Auf den jeweiligen Bezug zum Funktionskreis wird im Einzelnen eingegangen.

Milz-Qi-Mangel
(inklusive Milz-Yang-Mangel)

Schlechte Verwertung der Nahrung, wiederkehrend Durchfälle und Erbrechen durch mangelnde Verdauungswärme, Bauchschmerzen, Unverträglichkeiten, Schwäche allgemein, Muskelschwund, bzw. wenig und schlaffe Muskulatur, geringe Belastbarkeit, Fettstühle mit Schleimbeimengungen durch Verdauungsschwäche oder möglicherweise Bauchspeicheldrüseninsuffizienz (Exokrine Pankreasinsuffizienz – EPI), Augenlider hängen (wenn nicht genetisch veranlagt, obwohl diese Rassen meist auch unter Milz-Qi-Mangel leiden), der Hund sucht oft warme Plätze auf, mag keine Nässe und Kälte, da im Körper schon ein Feuchtigkeits- und Kälte-Überschuss besteht. Die Milz kann die Nahrung und Flüssigkeiten oft nicht richtig umwandeln, daher kann es zu vermehrtem Speichelfluss, Durchfällen und Ansammlungen im Körper kommen, wiederkehrende Darm-Pilzinfektionen, Analbeutelentzündungen und häufiger Wurmbefall. (Oft besteht zusätzlich ein Nieren-Yang-Mangel, so dass generell wenig Wärme im Körper zirkuliert.) Der Hund sorgt sich sehr um das Wohl seiner Familie. Zunge: groß, manchmal geschwollen, oft sogar mit Zahneindrücken, viel Speichel, heller Belag im mittleren Bereich. Puls schlüpfrig, fühlt sich an, wie eine gebutterte Spaghetti.

Therapie
Milz-Qi stärken, die Mitte wärmen und das Verdauungsfeuer anregen, die Verteilung und Verarbeitung der Nahrung verbessern und Verdauungs-Enzyme anregen.

a. Diätetik:

Hirsch- oder Wildfleisch, Huhn, Lamm (auf niedrigen Fettgehalt achten!) Kohlenhydrate, wie Kartoffeln, Haferflocken, Reis (besser Naturreis), Buchweizen gekocht, Fenchel, Karotte, Kürbis, Ziegenkäse, Obst nur gekocht, generell besser gegarte Mahlzeiten, nichts Rohes oder Kaltes füttern wie Salat oder Gurke. Zwei Mahlzeiten täglich, im Akutfall auf drei Mahlzeiten verteilen und nach Möglichkeit über den Tag ziehen, also sehr früh morgens beginnen, dann mittags und später am Abend. Papaya-Enzyme oder andere Enzym-Ersatzpräparate helfen der Bauchspeicheldrüse auf die Sprünge. Wenn die Durchfälle lange anhalten und immer wiederkehren, entsteht häufig ein Vitamin B- und Folsäure-Mangel. Ein Blutbild gibt Aufschluss darüber. Kokosfett zum Beispiel benötigt weniger Lipase, entlastet daher die Bauchspeicheldrüse und kann prima als Fett ergänzt werden, obwohl Fett als solches sonst weniger gut vertragen wird.

Salbei ist leicht an den pelzigen Blättern zu erkennen.

Der Geruch von Basilikum ist unverkennbar. Er ist auch im Topf oder Hochbeet gut zu kultivieren.

b. Kräuterheilkunde:

Salbei 2 bis 6 Gramm, warm, kann dennoch Entzündungen lindern, bitter, aromatisch, wirkt zusammenziehend, antiviral, antibakteriell, fungizid, verbessert die Fett-Toleranz im Futter, reguliert Östrogen. Bei Diabetes Typ 2 hilft es den Blutzucker zu senken, bei Zahnfleischentzündungen auch frisch oder als Tinktur sehr wirksam. Salbei wirkt appetitanregend, verdauungsfördernd, sekretionsfördernd und entkrampfend. Hilft dem Herzen, der Lunge und dem Magen-Darm-Trakt und bei Benommenheit. Vorsicht, wirkt milchflusshemmend!

Basilikum ½ bis 1 Teelöffel frisch gehackt, leicht warm, süß, leicht scharf, etwas bitter, wirkt trocknend, entblähend, hormonell ausgleichend, reguliert die Schilddrüse, steigert Testosteron-Bildung, allgemein gut gegen Kälte-Schleimansammlungen. Hilft wirksam bei Verdauungsschwäche, Bauchschmerzen, Blähungen, gegen Leber-Qi-Stagnation, Nieren-Yang-Schwäche, Benommenheit, Konzentrationsstörungen und Schwindel, stärkt das Herz-Qi, das Milz-Qi und das Lungen-Qi. Hilft bei nervösen Zuständen, Sympathikus-Dominanz und Einschlafstörungen. Heilt Brustdrüsenentzündungen.

Mariendistel und Artischocke siehe Leber-Qi-Mangel. **Kümmel und Kurkuma** siehe Leber-Qi-Stagnation.

Bohnenkraut 1 bis 4 Gramm, warm, scharf und bitter. Wirkt gegen Blähungen, Verdauungsschwäche durch Kälte, Appetitlosigkeit, stärkt die Nieren-Energie und wärmt die Mitte, löst Schleim.

Oregano (Majoran) 2 bis 8 Gramm, am besten frisch gehackt verabreichen, leicht warm, scharf, leicht bitter, leicht süß, siehe auch Fallbeispiel »Schröder«. Wirkt entkrampfend, schleimlösend, beruhigend, antibakteriell, regt den Gallefluss an, fördert die Verdauung. Hilft auch bei Nervosität, Depression, Gedächtnisschwäche, Stressintoleranz oder Verwirrtheit. Bewegt das Qi im ganzen Körper, regt Magensäfte an, was auch bei Erbrechen von Unverdautem hilft. Reguliert bei Durchfall, lindert Koliken, kann den Blutzucker senken, beseitigt inneren Wind.

Auch Oregano ist gut im Topf oder Beet kultivierbar und blüht wie die anderen Kräuter meist sehr schön.

Weihrauchpulver 0,5 bis 2 Gramm, warm, bitter und scharf. Wirkt trocknend, beruhigend, entzündungshemmend, schmerzlindernd, antitumoral, antimikrobiell, entkrampfend, wundheilungsfördernd, verdauungsfördernd, Blut und Qi bewegend. Hilft bei Autoimmunerkrankungen, da immunmodulierend, z. B. bei IBD (inflammatory bowel desease – eine chronisch entzündete Magen- und Darmschleimhaut), allergischen und autoimmunbedingten Hautkrankheiten und beim Reizdarm-Syndrom, auch bei Arthritis und Arthrose sowie Rheuma ein sehr gutes Mittel. Wirkt stimmungsaufhellend, bewegt das Leber-Qi und hilft bei der Fett-Verdauung und Obstipation.

Ingwer (frisch nicht ganz so schlimm scharf, wie getrocknet) minimal dosieren, 0,2 bis 0,5 Gramm sind schon viel, aber sehr wirksam, evtl. als Teezubereitung über das Futter darreichen. Heiß und scharf, wirkt besonders auf Lunge und Milz und Magen, wärmt den ganzen Körper, bringt das Yang zurück, öffnet die Oberfläche, löst Schleim, fördert die Verdauung, bewegt das Qi, aktiviert. Nicht anwenden bei jeglichen Hitzeanzeichen oder während der Trächtigkeit! Ingwer vertreibt die Kälte und kalten Schleim, hat sich aber das Blatt gewendet und die eingedrungene Kälte in Magen oder Lunge hat sich in eine Entzündung, also Hitze gewandelt (gelber Schleim, Fieber), dann ist Ingwer kontraproduktiv.

Tausendgüldenkraut 0,5 bis 2 Gramm, warm und bitter. Wirkt helfend bei Kälte des Magens und der Milz, hilft bei Appetitlosigkeit und Verdauungsstörungen, stärkt das Wei-Qi und die Lebenskraft, reinigt das Blut, regt die Gallensäfte, Magensäure und Pankreas-Enzyme an, nicht bei Übersäuerung anwenden.

c. Akupressur-Punkte:
Mi6, Mi4, Ma36, Ma40, Ni7, Ni3 (bei Kolik hilft auch Dü3). Wärmekissen oder warme Plätze anbieten.

Magen-Yin-Mangel

(mit eingedrungener Hitze oder innerer Hitze)

Auf Grund fehlender Flüssigkeiten entsteht eine Hitze im Magen. Zusammen mit der Magensäure wird es im weiteren Verlauf schlimmer, wenn weiterhin viel Trockenes, Gebackenes oder thermisch Warmes und Heißes gefressen wird. Die mangelnde Feuchtigkeit kann nicht ausreichend kühlen und die Nahrung stagniert entweder durch die stockende Verdauung und Vermischung und bildet ihrerseits weiter Wärme. Die Magensäure, die weiter produziert wird, da die Nahrung ja im Magen verbleibt und die Rezeptoren weiter anregt, verschlimmert es wiederum, ein Teufelskreis entsteht. Oft entsteht dieser Magen-Yin-Mangel durch das hitzige Temperament eines Hundes, stets mit hohem Sympathikus-Tonus, also mit wenig Zeit und Möglichkeit zum Verdauen und Umwandeln, sowie schnellem, hastigen Fressen und Leber-Syndromen inklusive. Wenn dann dieser Hunde-Typ noch Trockenfutter erhält, summiert sich das Ganze. Wir haben also Sodbrennen, Nahrungsstagnation, Erbrechen, auch mit Blutbeimengungen möglich, Gastritis (Hitze-Krankheit), Magenschleimhautreizung bis Magengeschwürbildung, entzündetes, rotes Zahnfleisch, starker Mundgeruch, Durchfälle, die fürchterlich stinken und ebenfalls auch mit Blut durchzogen sein können (Gastroenteritis-Hitze). Appetitmangel oder Heißhunger auf Gras, Minze oder Erde, auch Taschentücher wurden aus diesem Grund schon verputzt, der Durst nimmt zu. Sollte der Hund Fieber bekommen, Erbrechen und lehmfarbene oder gar gelborange Stühle zeigen, bitte tierärztlich untersuchen lassen, da es sich um eine Bauchspeicheldrüsenentzündung handeln könnte, die dringender Behandlung bedarf. Zunge: trocken, rot, möglicherweise mittig gelber Belag, Ränder können rot und evtl. geschwollen sein.

Yana futtert Unmengen Gras, wenn ihr Magenfeuer brennt.

Therapie

Magen-Yin stärken, also kühlen und befeuchten, Entzündungen lindern, geregelten Magensäurefluss wiederherstellen, Erbrechen und Durchfall stoppen – Qi in die richtige Richtung bringen.

a. Diätetik:

Putenfleisch (kühl und befeuchtend), Kaninchen- und Pferdefleischfleisch (kühl), Hüttenkäse, diesen gerne zusammen mit Heilerde (löscht das Magenfeuer, räumt auf), Kartoffeln, Reis, gekochtes Gemüse und Obst, letzteres auch roh, zum Beispiel Blaubeeren (die sind getrocknet super gegen Durchfall, frisch am besten bei Magenentzündungen und Hitze-Erkrankungen). Generell gilt hier das Augenmerk auf die gute Verdaulichkeit und ein paar Tage Schonkost zu legen, Barfen kann anfangs Schwierigkeiten machen, wenn es Probleme mit der Magensäure-Bildung gibt, ansonsten ist das sehr gut für den überhitzten Magen. Sofern keine Unverträglichkeiten für die Reizung der Magenschleimhaut schuld sind (Ausschlussdiät erforderlich), sollten Sie abwechslungsreich füttern. Trockenfutter, Fettiges und thermisch Heißes sollten vom Futterplan allerdings dringend gestrichen werden. Achten Sie darauf, dass Ihr Hund ausreichend trinkt! Bei alleinigem Durchfall bietet sich auch die altbewährte Moro`sche Karottensuppe an. Auch Huminsäuren und Moor können angeboten werden. Letzteres (ebenso wie die Heilerde) nicht zusammen mit der Hauptmahlzeit füttern (entzieht wichtige Nährstoffe). Auch hier gilt: Bei langandauernden Darmerkrankungen evtl. Vitamin B und Folsäure supplementieren, gegebenenfalls Blutbild machen lassen, auch um die Leber-Werte zu checken.

b. Kräuterheilkunde:

Bei einer akuten Gastritis bietet sich (trotz der warmen Thermik) Haferschleim an, auch ein Brei aus **Ulmenrinde** (Slippery Elm) oder Flohsamen passen gut, da alle die Magenwand beschützen und den Heilvorgang unterstützen. In diese Brei-Mischungen oder auch direkt ins Futter oder in Hüttenkäse können dann folgende Zusätze beigemischt werden:

Kamille 1 bis 5 Gramm, neutral, süß, leicht bitter. Wirkt auf den Magen und die Leber beruhigend, enthält Schleimstoffe, wirkt entzündungshemmend, schmerzlindernd, entkrampfend, angstlösend und regenerierend auf die Schleimhäute.

Süßholz 0,1 bis 2 Gramm, neutral, sehr süß. Wirkt befeuchtend, schmerzlindernd, entkrampfend, kortikoid (cortisonähnlich), antiviral, antifungizid (pilzhemmend) und schleimhautprotektiv. Hilft bei der Abheilung von Magengeschwüren, lindert Atemwegsbeschwerden. Stärkt Östrogenbildung, nicht während der Trächtigkeit anwenden oder länger als drei Wochen generell.

Minze (siehe Leber-Qi-Stagnation)

Melisse (siehe Leber-Yang-Überschuss),

Salbei (siehe Milz-Qi-Mangel),

Unbedingt: Oregano! (siehe Milz-Qi-Schwäche).

Bei Hitze und fehlenden Magen- und Gallensäuren (meist späteres Stadium der chronischen Gastritis und verdickter Magenwand) ist die Versorgung mit Verdauungssäften mangelhaft, hier hilft **Enzian** 0,1 bis 1,5 Gramm kalt und sehr bitter. Enzian regt alles an, den Appetit, die Spucke bis hin zu den Gallensäften. Klärt das Feuer der Leber, stärkt das Qi der Mitte, besonders bei Verdauungsstörungen direkt nach dem Fressen, bei Gärungs- und Fäulnisprozessen im Darm sehr hilfreich, ebenso bei chronisch weichem Stuhl. Stabilisiert das Nervenkostüm, dämpft hitziges Verhalten. Nicht bei Magengeschwüren anwenden oder einer akuten Gastritis.

c. Akupressur-Punkte:
Ma36, Ma44, Di11, Pc6, Pc3, Dü3, Gb41 (wenn der Hund den Rücken aufzieht und eine angespannte Bauchdecke hat), 3E5 (ausleiten von exogenen pathogenen Faktoren), Le3 (wenn die Leber Stress hatte und die Mitte »angegriffen« hat). Unbedingt Stress-Situationen vermeiden!

Fallbeispiel: Sam
Sam ist ein junger Australian Shepherd, ein richtiger Herz-Typ, der zeitweise, besonders im Sommer, zu innerer Hitze neigt, aus jeder Pfütze trinkt, eigentlich nur Flitzen und Hüpfen möchte. Wenn ihm im Sommer dann wieder die Bakterien in der Pfütze zu viel werden, er zu wenig Wasser trinkt, zu wenig Kühlendes für sein hitziges Temperament dazukommt und das Fressen zu hastig geschlungen wird, dann kommt es zu Erbrechen und möglicherweise Durchfall. Da es aus einer Überhitzung mit evtl. eingedrungenen Bakterien kommt, nennt man es in der TCM »Heißes Erbrechen«. Es riecht auch mächtig fies, ebenfalls ein Zeichen für Hitze. »Kalt« Erbrochenes ist weniger geruchsintensiv. Sam bekommt dann für ein paar Tage Schonkost, die aus dem gekochtem Barf-Menü besteht (erwärmt, weil dann erleichtert es die Verdauung, für Sam ist es das richtige, andere Hunde kommen dann mit rohem Fleisch besser zurecht), welches er sonst roh bekommt. In seiner Mischung, mit der der hitzige Typ

gut zurechtkommt, sind Pferdefleisch, Puten- und Rindfleisch im Wechsel, viel Gemüse, besonders Zucchini, aber auch Reis oder Kartoffeln enthalten. Er bekommt Lachs-Öl, das aufgrund der guten Omega-3-Werte entzündungshemmend wirkt und eine ausgewogene Vitamin- und Mineralmischung, plus Spirulina. Zusätzlich bekommt er täglich mittags Hüttenkäse mit Heilerde, genauso wie seine Mitbewohnerin Olga, ebenfalls Sheperd, die wegen einer chronischen Überhitzung diese Zusatzmahlzeit dauerhaft erhält. Weiterhin erhält Sam in der Akutphase eine Kräutermischung bestehend aus Minze, Melisse und Kamille und frisch gehacktem Oregano, der wie ein pflanzliches Antibiotikum helfen kann und auch wirksam gegen den Helicobacter-Befall ist, den Sam des Öfteren schon getroffen hat. Diese Bakterien sind in geringer Anzahl physiologisch, machen aber bei einer überreizten Magenschleimhaut und Speiseröhre häufig Beschwerden und vermehren sich dann, welches zu pathologischen Prozessen führt. Sam hat in der Vergangenheit aus diesem Grund schon 2-mal ein Antibiotika erhalten, welches kurzzeitig gut geholfen hat, denn jedes Antibiotika ist »kalt« und hilft daher unter anderem sehr gut bei Entzündungen, doch auf lange Sicht braucht es da manchmal eine Unterstützung, die langfristig gegeben werden kann. Frischer Oregano ist ein gutes Beispiel. Auch bewährt bei beiden, also Sam und Olga, hat sich der Heil- oder Vitalpilz Hericium. Dieser kann sich regenerierend auf die Magen- und Darmschleimhaut auswirken, er aktiviert den Parasympathikus und beruhigt damit den Vagus-Nerv. So wurde er schon erfolgreich auch bei Magen- und Darmgeschwüren und einem Reizdarm und Unruhe eingesetzt. Vitalpilze gehören zur Reiztherapie, daher sollten sie vorsichtig »eingeschlichen«, also langsam steigernd, zum Speiseplan zugesetzt werden. Ein großer Hund bekommt als Tagesdosis ca. 1 bis 2 Gramm.

Fallbeispiel: »Lolle«

Lolle ist eine kastrierte Hündin, ca. 5 Jahre alt, ein Mix aus Kroatien. Sie ist bereits seit über 3 Jahren bei ihrer Familie in Deutschland. Augenscheinlich ist sie gut angekommen, aber nicht mit allen Hunden verträglich, Männer mag sie auch nicht sonderlich. Sie ist generell schnell gestresst, Autofahren und Alleinbleiben waren anfangs nicht möglich, beides wurde mit der Zeit aber immer besser. Was sie in der Zeit als Junghund in Kroatien erlebt hat, weiß niemand so genau, vermutlich aber war, wie bei den meisten Straßenhunden, das Leben eher ein Überlebenskampf, mit dem nicht alle Hunde gut zurechtkommen. Hier in Deutschland gab es zunächst Trockenfutter, welches sie aber nie richtig vertragen hat, auch wenn viele Sorten durchprobiert wurden.
Der Tierarzt verschrieb Omeprazol, denn Lolle roch stets säuerlich und hatte Sodbrennen und immer wieder

Durchfälle, auch ihr Fell war fettig und sie kratzte sich viel, kaute auch oft an ihren Pfoten, regelmäßig kam es zu Ohren- oder Analbeutelentzündungen. Volles Programm also. Die Besitzer ließen sich beraten und stiegen um auf Barfen. Zunächst fraß Lolle dies nur zögerlich, gewöhnte sich aber daran. Die Mischung war Lamm und Huhn im Wechsel, es waren gute Fertigmenüs aus einem Barf-Laden. Als die Übersäuerung langsam wich, kam wieder Durchfall hinzu, der fürchterlich stank, auch das Pfoten-Kauen wurde schlimmer. Also wieder eine Umstellung auf ein anderes Futter, dieses Mal ein Nassfutter »Hypo-Allergenic«. Wieder trat anfangs Besserung ein, dann erbrach sich Lolle wieder und der Durchfall kam zurück, die Ohren begannen zu jucken. So lief das viele Male, immer, wenn es eine Zeit lang gut lief, kamen die Beschwerden zurück. Ein Hundetrainer kam hinzu, da gegen die Stress-Symptome vorgegangen werden sollte, Lolle wurde auch mehr ausgelastet, lief viel am Fahrrad. Danach wurde es noch schlimmer, ob es an den Veränderungen, die eigentlich gut gemeint waren, an Überforderung oder einer neuen Unverträglichkeit lag, man wusste es nicht mehr. Lolles Besitzer bekamen von mir nun den Rat, neben einem Blutbild (auch für Mittelmeerkrankheiten) und einer Parasitenkontrolle (beide Ergebnisse waren negativ und ohne Befund), eine sehr strenge Ausschluss-Diät zu machen, mit Schwerpunkt »kühlen und beruhigen«, sowie entzündungshemmende Zusätze zu ergänzen. Wir entschieden uns für ein Protein, das sie noch nicht hatte (Pferd), und als Gemüse Zucchini, denn beinah alle anderen Sorten hatte Lolle schon probiert. Es gab dazu eine sensitive Vitamin- und Mineralmischung und Krill-Öl (wirkt entzündungshemmend und selten allergen). An die Kohlenhydrate trauten wir uns nicht ran, da Lolle auf jedes bisher allergisch reagiert hatte. Dazu gab es eine Darmsanierung mit Myrrhe (neutral, bitter, wirkt gegen Entzündungen von Zahnfleisch und Darmschleimhaut), Kurkuma, Salbei und Melisse sowie zugesetzten Darmbakterien. Auch das ging eine Zeit lang gut. Leider kam das Sodbrennen wieder, so dass wir zunächst nur Huminsäuren ergänzten. Wieder gab es eine Besserung. Wir setzten die Darmsanierung ab und ergänzten Hericium, welchen Lolle leider gar nicht vertrug. Lolle wurde wieder etwas nervöser, die Stresstoleranz wurde weniger, also versuchten wir es mit CBD-Öl 5 %. Das war ein durchschlagender Erfolg. Das Fell wurde schöner, die Verdauung funktionierte problemlos, die Ohren und Pfoten juckten nicht mehr, Lolle schlief entspannt. Nach einem Umzug in ein anderes Haus kam leider beinahe alles wieder zurück. Ein Zeichen dafür, das Stress auf das Immunsystem einwirkt und neue Allergien oder

zumindest die Bereitschaft für Unverträglichkeiten steigert. Es gab erneut die Darmsanierung, eine Umstellung auf Straußenfleisch und Lolle beruhigte sich etwas. Ziegenkolostrum half ihr diesmal dabei zusätzlich.
Wir sind uns inzwischen sicher, das Lolle die miesepetrigste Krankheit der Mitte, nämlich IBD (inflammatory bowel desease), eine chronisch entzündliche Magen-Darmschleimhautentzündung hat, die sich wie eine Autoimmunerkrankung darstellt und schubweise auftritt. Die Besitzerin weiß, dass Lolle immer wieder mal auf das ein oder andere Nahrungsmittel oder anderen Zusatzstoff reagieren kann und wechselt dann bei Bedarf. Auf künstliche Zusatz- und Konservierungsstoffe muss ganz verzichtet werden, fetthaltige Kauartikel oder Getreide-Kekse sind auch gestrichen, die wechselnden Zusätze stehen immer griffbereit. So ein IBD-Hund bleibt spannend. Passende Akupressur-Punkte wären hier Ma36, Pc3, Mi4, Le3 (da hier bei Lolle auch Stress eine Rolle spielt) und Di11.

Eingedrungene Kälte in Magen und Darm

Wenn zu Kaltes in den Magen gelangt, wie Futter aus dem Kühlschrank oder vielleicht Schnee (Schneefressen ist leider bei manch übermütigen Hunden sehr beliebt), dann führt dies zu einer Nahrungsstagnation (Kälte lässt erstarren), Erbrechen einige Stunden nach der Mahlzeit, entweder Unverdautes oder lediglich klaren Schleim. Das Erbrochene riecht kaum, der Hund allerdings hat starkes Bauchweh, zeigt Unwohlsein, bis hin zu Apathie, der folgende Durchfall dagegen ist oft schmerzlos. Anfangs sucht er warme Plätze auf, wenn die eingedrungene Kälte aber länger besteht, kann sich diese in Hitze wandeln und Entzündungszeichen zeigen. Ab hier muss nicht wie anfangs gewärmt, sondern Kühle zurückgebracht werden. Zunge: blass, vielleicht mit weißem Belag, Puls sehr langsam.

Therapie

Direkt nach Eindringen der Kälte muss die Mitte gewärmt werden, durch Tees, Schonkost und ein warmes Plätzchen an der Heizung oder vorm Kamin. Auch Kirschkernkissen helfen, aufgelegt auf Bauch und oder Rücken, kann der Kältekrampf sich lösen und der Hund sich entspannen. Wenn aber die Kälte bereits in eine Entzündung umgeschlagen ist und sich Hitzeanzeichen darstellen, dann gilt natürlich das Gegenteil, die Entzündung muss geheilt und gekühlt werden (siehe oben), die Schonkost ist aber natürlich auch hier hilfreich.

a. Diätetik:
Alles was warm ist, ist erlaubt. Futter wird vermutlich nicht gerne gefressen, da der Magen so schmerzt. Tees mit Anis, Fenchel und Kümmel sind angezeigt, evtl. Haferschleim mit Reis oder Fenchel, gekochtem Muskelfleisch oder auch Fleischbrühe. Gekochte Karotten oder gekochte Birne werden meist gerne gefressen. Dann

langsam an das normale Fressen gewöhnen, ein paar Tage Schonkost machen Sinn, alles gekocht und leicht verdaulich, eher weniger Fett. Auf Milchprodukte verzichten.

b. Kräuterheilkunde:
Wie schon im Tee empfohlen, helfen hier **Anis, Fenchelsamen** und **Kümmel** (warm, entkrampfend, schmerzlindernd), aber auch **Kamillentee**. Ingwer würde zwar wärmen, wäre aber zu scharf und würde den Magen überfordern.

Bockshornkleesamen 2 bis 5 Gramm, süß. Vertreibt die Kälte, wirkt Stagnationen entgegen, stärkt den Rücken und die Mitte, hilft der Niere, gibt Lebenskraft

c. Akupressur-Punkte:
Di4, Ma36, Mi4

Erkrankungen des Funktionskreises Lunge/ Dickdarm

Lungen-Yin-Mangel mit Lungen-Qi-Mangel (auch Dickdarm betroffen)

Trockener Husten, raue Stimme, trockene Haut, trockene Haare, trockene Schleimhäute, Verstopfung, erschwerter Stuhlgang, Kurzatmigkeit, flache Atmung bis hin zu Asthma (hier ist häufig auch das Nieren Yang zusätzlich geschwächt, da normalerweise die »Niere den Atem empfängt«, daher oft Verspannungen in der Lendenwirbelsäulenmuskulatur), Rückenschmerzen in der Zwerchfellgegend und am Rippenbogen, schnelle Ermüdung, Gewichtsverlust möglich, wenig Muskulatur, da die Flüssigkeitsverteilung der Lunge im Körper schwächelt. Infektanfälligkeit steigt, Allergien können leicht die Atmungsorgane und die Haut befallen und die Wundheilung ist verlangsamt. Fellwechsel zieht sich lange hin, der Hund haart viel, bildet nicht ausreichend Unterwolle. Gefühl von Traurigkeit und Kummer, der Hund sondert sich möglicherweise ab, wirkt introvertiert, kann irgendetwas »schwer loslassen oder zulassen«. Puls schwer tastbar, etwas schnell, Zunge schmal und blass evtl. rissig.

Therapie
Die Lunge (und den Darm, inklusive Haut) befeuchten, das Yin und das Qi nähren und stärken.

a. Diätetik:
Puten- oder Kalbfleisch, Pferde- und Kaninchenfleisch gehen auch, genauso wie Thunfisch. Reis, Gerste, Grünkern, Dinkel, Karotten, Kürbis, Gurke, Zucchini, Joghurt oder Hüttenkäse, gekochte Birnen, rohe Heidelbeeren und Himbeeren oder Bananen, Feldsalat, roher Honig. Spirulina hilft bei der Blutbildung, kühlt und bildet Substanz. Heißes, Trockenes und Scharfes meiden, da keine weiteren »Säfte« verloren werden dürfen. Bitteres nur sehr begrenzt verfüttern. Nachtkerzen-Öl, Krill-Öl oder Hanf-Öl hilft der trockenen, entzündeten Haut und dem Fell von innen.

b. Kräuterheilkunde:
Malve 4 bis 8 Gramm, kühl und süß. Wirkt schleimhautprotektiv, reizlindernd, antimikrobiell, befeuchtend, schleimlösend.

Wirkt beruhigend auf Lungen-, Darm- und Magenschleimhaut. Besser in der Langzeitbehandlung, da es kaum Nebenwirkungen hat, nicht etwa wie das auch sehr wirksame

Süßholz (siehe Magen-Yin-Mangel), welches hormonelle Schwankungen zur Folge haben kann und eine kortikoide Wirkung hat, hier muss sorgsam gewählt werden.

Island Moos 0,5 bis 2 Gramm, kühl, süß, leicht bitter. Schleimig und befeuchtend, blutbildend und Säfte nährend, antibiotisch wirksam, besonders auf Schleimhäute. Vorsicht: milchbildend! Wirkt auf Lunge, Magen und Darm, sowie auf die Haut und den Knorpel (Gelenke) durchblutungsfördernd und damit befeuchtend, reguliert die zirkulierenden Flüssigkeiten. Nicht länger als 4 Wochen anwenden.

MSM (Methysulfonylmethan, organischer Schwefel) 0,5 bis 5 Gramm, neutral bis kühl, bitter. Entzündungshemmend, wirksam bei Autoimmunerkrankungen, antiallergisch, entgiftend, befeuchtet die Schleimhäute, Stoffwechsel anregend und erleichternd, leicht schmerzlindernd, gut auch bei Arthritis, steigert die Durchblutung, nährt den Gelenkknorpel, regeneriert Muskulatur. Kann den Magen reizen und zu Beginn Müdigkeit und Kopfweh verursachen, möglicherweise durch die Entgiftungsfunktion.

Immunabwehrsteigernde und wundheilungsfördernde Kräuter/Zusätze:
Propolis: innerlich als Kapsel stärkt es das Abwehrsystem, äußerlich (so auch der Manuka-Honig) als Salbe wundheilend bei Hautpilz und bakteriellen Entzündungen; **OPC-Traubenkernextrakt** als Kapsel oder auch als Trunk, stärkt das Abwehr-Qi und fördert die Lebenskraft; **Reishi-Vitalpilz** innerlich als Pilzpulver, stärkt das Immunsystem, ist stressmildernd, entgiftend, antibakteriell, antiviral, antimykotisch, antikanzerogen, gefäßschützend, wundheilungsfördernd und hilfreich bei Allergien, stärkt die Lebens- und Widerstandskraft (Vorsicht: anfangs niedrig dosieren!).

Hericium-Vitalpilz als Pilzpulver, stärkt die Bildung und Regeneration der Darmschleimhaut und des Immunsystems, fördert innere Ruhe und Ausgleich des vegetativen Nervensystems, antitumoral, antibakteriell, antimykotisch, stärkt und regeneriert Nerven und Nervengewebe (für weitere wirksame Vitalpilze bitte weiterführende Literatur oder erfahrene Therapeuten zu Rate ziehen).

Sonnenhut/Echinacea innerlich als Kraut 0,2 bis 1 Gramm, hat eine starke Wirkung auf das Immunsystem, daher nicht bei Allergien oder Autoimmunerkrankungen einnehmen, generell nicht länger als 2 Wochen verabreichen, warm und scharf.

Aloe Vera-Gel als kühlendes Hautmittel bei entzündeten Wunden, regt die Wundheilung an. **Ringelblumensalbe** äußerlich: regenerierende und wundheilungsfördernd, wirkt antimikrobiell. Weitere Haut-Heilkräuter bei »Hitze im Lungen-Funktionskreis« – siehe unten.

c. Akupressur-Punkte:
Lu7, Ni6, Ma36, Ma40 (bei angeschwollenen Schleimhäuten durch Asthma)

Eingedrungene feuchte Kälte in Lunge (und Dickdarm), evtl. mit Wind

Weißer Schleim, der leicht lösbar ist und Kälteaversion, Frösteln möglich, der Husten kann mit Atemnot verbunden sein, Durchfall, meist schmerzlos, Erbrechen von Unverdautem nach Hustenanfall. Kein Durst. Haut talgig, Fell fettet leicht und Schuppen sind oft vorhanden.
Zunge: häufig geschwollen, weißer Belag im Lungenareal, manchmal auch großflächig verteilt und klebrig.

Thymian, liebt sonnige Plätze im Garten, mehrjährig.

Therapie

Kälte vertreiben, Feuchtigkeit ableiten, Schleim lösen, ggfls. Wind ableiten.

a. Diätetik:
Zeitweise auf Rohes verzichten. Hirsch-, Lamm- und Ziegenfleisch, Fenchel, Bockshornklee, Haferflocken, Lauch, Kürbis, Petersilienwurzel. Wenig Obst und auf Milchprodukte gänzlich verzichten, da diese schleimbildend sind.

b. Kräuterheilkunde:
Thymian 1 bis 5 Gramm, warm, scharf und bitter, wirkt zusammenziehend, trocknend, schleimlösend und auswurffördernd, vertreibt Wind und Kälte. Antivirale und antibakterielle Wirkung, entkrampft die Bronchien, stärkt das Qi und das Yang von Magen, Lunge, Herz und Niere, sowie Uterus, wirkt Qi-Stagnationen entgegen, vermehrt die Leukozyten-Anzahl.

Schwarzkümmel-Öl 0,5 bis 2 Gramm oder in Kapselform nach Anleitung, warm und bitter scharf. Er wirkt trocknend, antibakteriell, entzündungshemmend und schleimlösend. Hilft gut gegen Allergien, Asthma und reguliert den Hormonhaushalt, wirkt auch verdauungsfördernd, senkt den Cholesterin-Spiegel und Blutdruck. Auf Kaltpressung achten. Nicht länger als 4 Wochen anwenden.

Süßholz, Oregano und **Salbei** (siehe Magen-Yin-Mangel).

Engelwurz 0,5 bis 1 Gramm, warm, scharf, leicht bitter, leicht süß. Geeignet für alle kalten Lungenerkrankungen im Anfangsstadium, sowie bei Völlegefühl und Appetitlosigkeit und Wind-Krankheiten. Bewegt das Leber-Qi und stärkt das Nieren-Yang.

Kapuzinerkresse 0,5 bis 1 Gramm, sehr warm, scharf, leicht bitter. Wirkt antimikrobiell, antibiotisch, antiviral, auswurffördernd, durchblutungsfördern und aphrodisierend. Bei wiederkehrenden

Infekten, Kälteempfinden, Antriebsmangel und trägem Stoffwechsel. Wirkt auf alle Funktionskreise bewegend und vitalisierend und vertreibt Wind. Nicht überdosieren oder bei Magenreizungen anwenden.

Brennnessel (siehe Leber-Qi-Mangel), **Ingwer** (siehe Milz-Qi-Mangel). Bei »kaltem Durchfall« hilft außerdem der Anis-Fenchel-Kümmel-Tee im Wechsel mit Thymian-Tee sehr gut, sowie die warm servierte Moro-Suppe.

c. Akupressur-Punkte:
Lu7, Di4, Ma40

Fallbeispiel: Nando

Nando, ein Schäferhund-Mix, 8 Jahre, kastriert und ein Misch-Typ aus Metall und Erde, litt bereits länger an Kälteempfindlichkeit, Verdauungsstörungen, Flüssigkeits-Ansammlungen und Abgeschlagenheit. Sein Fell war stumpf und leicht talgig, am Rücken und am Rumpf waren viele Schuppen im Fell zu sehen. Seine Muskulatur war deutlich weniger geworden, der Bauch aber hing kraftlos herunter und zog regelrecht am Rücken. Ein Blutbild und Ultraschall wurden gemacht, diagnostiziert wurden ein Blutmangel, leicht erhöhte Leberwerte, eine unterschwellige Entzündung, die nicht genau lokalisiert werden konnte und ein niedriger T4-Wert (Schilddrüsenhormon) wurde festgestellt. Der Ultraschall zeigte nichts wirklich auffälliges, außer reichlich Luft im Darm und einige Knubbel, die als Lipome erkannt wurden. Ein Schilddrüsenpräparat wurde vorerst nicht verabreicht, es sollte weiter beobachtet werden. Nando sabberte reichlich und hatte hängende Lider und sah generell älter aus, als er eigentlich war. Ein paar Tage später begann er auch zu husten und zu würgen, er wurde immer träger, hatte aber kein Fieber. Da er augenscheinlich Säure erbrach, bekam er einen Protonenpumpenhemmer, der die Magensäureproduktion verhindern sollte, da der Tierarzt Sodbrennen und eine gereizte Speiseröhre vermutete, die Nando regelmäßig würgen und husten ließ. Es wurde leider nicht besser und ein paar Tage später bekam Nando erhöhte Temperatur und der Auswurf wurde schlimmer, sah zäh und gelblich aus. Der Schleim, der vorher erbrochen wurde, war eher weißlich und flüssig. Der Tierarzt verschrieb ein Antibiotika, welches gut anschlug, aber zu Durchfall führte und Nando weiterhin träge und abgeschlagen machte. Die Entzündung, die durch die Antibiose schnell abgeklungen war, war nun gebannt, aber da eine Antibiose stets kühlend (thermisch gesehen) ist, hatten sich die anfänglichen Symptome wieder verschlechtert. Was war nun geschehen? – Nando weist Schwächen in seinen beiden Elementen auf, er hat einen klassischen Milz-Qi Mangel, der zu Verdauungsstörungen und Umwandlungsschwierigkeiten der Nahrung und damit zu Feuchtigkeits-Ansammlungen und Blutmangel mit Schwäche und Fellstörungen führt.

Er kann schlecht Muskulatur aufbauen und mag keine Kälte, da sein Körper mit mangelnder Wärme kämpft, die beim Muskulatur-Aufbau und der Verdauung benötigt würde, aber leider fehlt. Sein Metall-Element wird dadurch auch geschwächt, da die Milz, als »Mutter aller Organe«, ihre Aufgabe nicht richtig erfüllt. Sein Fell wird struppig und neigt zu Schuppenbildung (Xue-Mangel), seine Kondition leidet und er wirkt zunehmend apathisch. Der Schleim, der durch die mangelnde Transportleistung der Flüssigkeiten durch Magen und Milz entstanden ist, ist in der Lunge versackt (Lipome am Rumpf hatten sich vorher schon gebildet, auch als Zeichen von Schleimbildung) und hat sich dort nach einer Zeit entzündet. Aus der ursprünglichen Kälte und Feuchtigkeit (weißer Schleim ohne Entzündung) ist also mit der Zeit eine Hitze mit Feuchtigkeit (Entzündung, gelber Schleim) geworden. Dieser Verlauf ist gar nicht so selten, häufig wird aus einer Kälte-Krankheit eine Hitze-Krankheit; (denken wir hier nur einfach mal an eine Erkältung: zuerst verkühlt sich der Körper, der in dieser Zeit generell zu wenig Wärme hatte, um sich wehren zu können, um im Anschluss eine entzündliche Erkrankung, wie eine Bronchitis oder Mandelentzündung, zu entwickeln). Die Antibiose bekämpfte die Entzündung erfolgreich, kühlte aber den Körper erneut herunter und es kam zu weiteren Kälte-Krankheiten, wie Durchfall und Müdigkeit. Wenn die Kälte-Symptomatik erkannt worden wäre und Nando wärmendes Futter, sowie wärmende und stoffwechselanregende und ableitenden Kräuter (Thymian, Brennnessel, Kurkuma, Ingwer, Fenchel, Hirschfleisch etc.) erhalten hätte, wäre es vermutlich nicht zu dieser Bronchitis mit Antibiose-Gabe gekommen. Aber wenn das Wörtchen »Wenn« nicht wäre ... So einfach ist es eben nicht immer zu erkennen und manchmal ist es eben auch ganz anders. Daher schreibe ich dieses Buch, um Ihnen die Möglichkeit zu geben, den Körper als lebendes und ganzes System zu erkennen und ganzheitlich zu betrachten.

Wie ging es für Nando weiter: Er erhielt (endlich) die Schilddrüsen-Hormon-Tabletten vom Tierarzt, welche sehr schnell zu einem besseren Stoffwechsel und zu mehr Wachheit führten, die Umwandlungsfähigkeit von Nahrung und Flüssigkeiten nahm zu und er wurde körperlich deutlich fitter, auch bekam Nando ab nun gekochtes Wildfleisch, im Wechsel mit Rind und Lamm, sowie Fenchel und Petersilienwurzel, wärmende Kräuter, wie Thymian und Rosmarin, sowie regelmäßig Brunnenkresse, Brennnessel oder Bockshornklee im Wechsel. Nando hat nun keine Schleimprobleme mehr, ist agiler und fitter, aber seine Milz-Schwäche bleibt seine Schwäche und benötigt weiterhin Aufmerksamkeit. Akupressiert wurden: Ma40, Mi6, Ma36, Lu7 und Di4.

Eingedrungene feuchte Hitze in Lunge und Dickdarm mit eventuell Wind

Gelber Schleim, oft zäh und klebrig, Husten mit Fieber, entzündeter Hals und Mandeln, Sinusitis, auch nach allergischer Reaktion. Viel Durst, Nase trocken. Viel Unruhe, trotz Unwohlsein und Schlappheit. Die Haut hat rote und feuchte entzündete Stellen oder Pusteln, die auch jucken können. Zunge rot, besonders im vorderen Bereich, mit gelbem Belag, möglicherweise Mundgeruch. Puls schnell und hart.

Therapie

Hitze und Wind vertreiben, kühlen und Schleim ableiten.

a. Diätetik:
Enten- oder Kaninchenfleisch, Zucchini, Dinkel-, Weizen- oder Gerstenflocken, Salat, Spirulina, Birne, roher Honig. Keine Milchprodukte, um weiterer Schleimbildung vorzubeugen, Obst roh nur in kleinen Mengen. Kein Trockenfutter, da dieses noch mehr Hitze erzeugen würde und den Schleim weiter eintrocknet und zäher werden lässt. Hier ist auch wieder MSM (organischer Schwefel innerlich als Pulver) als Schleimhaut-Befeuchter möglich.

b. Kräuterheilkunde:
Spitzwegerich 1 bis 3 Gramm, als Press-Saft auch gut geeignet, kühl, leicht bitter, salzig. Wirkt auswurffördernd, entkrampfend, entzündungshemmend, antiviral, antibiotisch, wundheilend. Hilft bei zähem, gelbem Auswurf, bei akuter und chronischer Bronchitis, allergisch bedingtem Husten und grippalen Infekten. Er hilft auch bei roter und entzündeter Haut, trocken oder nässend. Kann äußerlich auf die Stellen aufgetragen werden, bei Insektenstichen ebenfalls sehr bewährt. Klärt auch Leber-Feuer und Wind, nährt das Yin.

Schwarzer Holunder (Beeren) 2 bis 7 Gramm, kühl, süß-sauer; (Blüten) bitter-süß 1 bis 4 Gramm. Wirkt fiebersenkend, antiviral, antibakteriell, antiallergisch, schleimlösend und trocknend/abheilend. Zu Beginn eines Infektes das Mittel der Wahl, stärkt das Abwehr-Qi und Nieren-Yin, vertreibt eingedrungene Wind-Hitze (Viren/Bakterien/äußere pathogene Faktoren), lindert Rheuma-Schmerzen, hilft sogar bei Unruhe, da leicht sedierende und beruhigende Wirkung, aber stärkt bei Frühjahrsmüdigkeit.

Lindenblüten 1 bis 5 Gramm, kühl, süß, scharf, leicht bitter. Wirkt reizlindernd, zusammenziehend, auswurffördernd, immunstimulierend, fiebersenkend und vertreibt pathogene Faktoren, in dem es die Oberfläche öffnet. Hunde können zwar nicht schwitzen, dennoch ist die Lindenblüte sehr wirksam. Sie wirkt besänftigend auf die Unruhe, lässt gut schlafen und beseitigt Leber-Wind. Leicht diuretische Wirkung, daher Nässe und Ansammlungen ableitend. Hilft äußerlich bei Juckreiz und rissiger Haut.

Kurkuma (siehe Leber-Qi-Stagnation).

Gänseblümchen, Klette und wildes Stiefmütterchen-Kraut als Wundheilungsmittel bei entzündeter und juckender Haut, innerlich 0,5 bis 2 Gramm oder äußerlich als Öl oder Salbe, auch als Umschlag, wirkt beruhigend, antibakteriell und wundheilungsfördernd, scharf und kühl.

Borretsch innerlich als Öl, äußerlich in Salben, kühl, sauer, leicht salzig, nährt das Lungen-Yin, wirkt daher befeuchtend und entzündungshemmend, beseitigt Nässe-Hitze aus der Haut und aus der Lunge, sowie auch aus Blase und Uterus, stärkt das Nieren-Yin, wirkt hormonell ausgleichend.

c. Akupressur-Punkte:
Lu7, Di11, 3E5, Ma40, Ma36

Erkrankungen des Nieren- und Blasenfunktionskreises

Nieren-Yin-Mangel

Unruhe und Rastlosigkeit, die nachmittags und abends besonders schlimm sein kann, genauso aber auch in den frühen Morgenstunden, schwache und schmerzende Knie, trockene Schleimhäute und Nase, Halsentzündungen, Juckreiz, viel Durst, wenig dunkler Urin, sexuelle Übererregtheit, Verstopfung, Hitzegefühle, vermehrtes Hecheln und Hitzeunverträglichkeit, Schwindel und Gleichgewichtsstörungen sowie Rückenschmerzen, die sich nach Ruhe verbessern. Auch die Psyche kann leiden, es kommt zu undefinierbaren Ängsten und unruhigem Schlaf mit vielen Träumen. Dieser Zustand beschreibt eine »leere Hitze«, da wenig Substanz und Flüssigkeiten im Körper sind, um ausreichend kühlen zu können; Zunge: rot, rissig, belaglos, Puls sehr schnell und dünn. Dieses Syndrom »Nieren Yin-Mangel mit Leere Hitze kann nach langer Krankheit, durch chronische Verläufe, aber auch durch anhaltenden Stress, Überlastung, zu vielen Geburten und nicht passende Fütterung (zu scharf, zu heiß, zu trocken) entstehen. Lassen Sie bitte bei solchen Symptomen auch die Schilddrüse (Überfunktion), die Bauchspeicheldrüse und die Insulin-Toleranz abchecken (großes Blutbild sollte reichen).

Therapie

Substanz und Flüssigkeiten auffüllen (Blut stärken!) und damit die Leere Hitze behandeln und Körper und Geist beruhigen.

a. Diätetik:
Rind-, Enten-, Gänse- oder Putenfleisch, Fisch wie z.B. Kabeljau, Rotbarsch oder Tintenfisch, Hüttenkäse, Gerste, Hirse, Sesam, brauner Reis, Kartoffeln, Pastinake, Weizenkeime, Petersilienwurzel, Sellerie, Salate, Eier, Äpfel und Birnen, Blaubeeren, Algen, besonders die Spirulina-Alge und Omega-3-Fette, Krill-Öl. Die Mahlzeit kann gerne roh oder aber auch gedünstet gefüttert werden. Kein Trockenfutter, auch Sauerampfer, Mangold oder Spinat (enthält Oxalsäure) nicht verfüttern! Rohe Knochen (Vorsicht Verstopfungsgefahr!).

b. Kräuterheilkunde:
Vogelmiere 2 bis 5 Gramm nach Möglichkeit frisch gehackt, kalt, leicht süß und salzig. Nährt das Nieren- und Herz- Yin, befeuchtet und bildet Blut, leitet Herz-Hitze und auch Leber-Feuer aus, ebenso auch die Dickdarm-Trockenheit und Wind-Hitze aus der Haut (Juckreiz, rote Stellen,

Blaubeeren: blutbildend, beruhigend, entzündungshemmend. Eine willkommene Zugabe zur Mahlzeit.

Die Spirulina-Alge, kühl und nährend.

Entzündungen), wirkt leicht diuretisch. **Holunderbeeren** (siehe Lungen-Yin-Mangel) und **Melisse** und **Passionsblume** (siehe Leber Yang-Überschuss),

Hopfen 0,5 bis 2 Gramm, kühl und bitter. Klärt Hitze und Magen-Feuer, nährt Herz- und Nieren-Yin, beruhigt den Geist, verhindert Leber-Qi-Stagnationen. Vorsicht: Hopfen enthält viel pflanzliches Östrogen!

Ackerschachtelhalm (auch Zinnkraut genannt) 1 bis 2 Gramm, kühl, salzig. Nährt das Yin aller Organe und unterstützt das Bindegewebe, da er viele Mineralien und auch Silizium enthält, wirkt zusammenziehend, blutreinigend, blutungshemmend, entzündungshemmend, befeuchtend. Stärkt besonders Niere und Lunge, leitet Hitze aus dem Körper, lindert Juckreiz (auch äußerlich als Breiumschlag gut geeignet).

Mönchspfeffer 0,3 bis 1 Gramm, warm und scharf. Hilft nicht generell gegen Nieren Yin-Mangel, aber auch bei sexueller Übererregtheit beim Rüden und Hormonschwankungen und Scheinträchtigkeit bei der Hündin (hemmt Milchbildung) sehr wirksam.

c. Akupressur-Punkte:
Ni 6 (!), Mi6, Di11, Ma 36, 3E5

Nieren-Yang-Mangel
(und evtl. zusätzlich auch mit Jing-Essenz-Mangel)

Abneigung gegen Kälte, chronische Rücken- und Muskelschmerzen, Schwäche, schlechte Kondition, Konzentrationsstörungen, chronische Müdigkeit, schlechte Zähne, Knochenerkrankungen (Verformungen, schlechte Mineralisierung oder bereits degenerative arthrotische

Veränderungen), Bandscheibenvorfälle (kann auch ein Milz-Qi-Mangel zusätzlich bestehen), Unfruchtbarkeit, Libidomangel, Spermatorrhö, viel heller Urin, Inkontinenz oder Harnträufeln, Schwerhörigkeit bis Taubheit, frühes Altern und Ergrauen, viele und große Ängste. Möglicherweise kann es zu Wasseransammlungen oder Ödemen kommen, da die Nieren-Energie den Körper nicht ausreichend wärmt und Flüssigkeiten verdunsten können und so im Gewebe versacken oder zu Durchfällen oder Schleim führen. Ein Milz-Qi-Mangel kann aus einem Nieren-Yang-Mangel entstehen und umgekehrt. Die Schilddrüsenunterfunktion ist ebenfalls mit einem Nieren-Yang-Mangel vergesellschaftet, da sie nicht genügend angefeuert wird, um ihre Aufgaben erfüllen zu können. Auch ist oft der Stress, die falsche Fütterung und die Überforderung sowie zu viele Geburten oder Deckeinsätze, aber auch zu früh durchgeführte Kastrationen Schuld daran. Eine Jing-Essenz-Schwäche (Urenergie) kann erworben, aber auch bereits angeboren sein, wenn die Elterntiere Schwächen aufwiesen, die ihrerseits angeboren oder erworben waren. Die Vererbung spielt bekanntlich eine große Rolle, dennoch kann auch ein Tier mit angeborenem Jing-Essenz-Mangel alt werden, sofern es unterstützt und nicht überfordert wird. Die Essenz lässt sich eigentlich nicht auffüllen, nur bewahren und stärken, daher sollte immer vorsichtig mit diesem Speicher umgegangen werden, rasante und ausschweifende Lebensumstände, wenig Schlaf, schlechtes Essen, Ängste und Stress verbrauchen zu viele Ressourcen. Die (alten) Chinesen legen nicht umsonst so viel Wert auf ein geregeltes Essen und Leben. Qi Gong und Moxen (Erwärmen von Akupunkturpunkten) gehört dort unter anderem zur Tagesordnung.

Therapie

Das Nieren-Yang wärmen und stärken, die Essenz bewahren.

a. Diätetik:

Hirsch-, Lamm-, Ziegen- und Fasanenfleisch, Kraftbrühen aus Hühnerfleisch, auch Hühnerherzen, andere Innereien (Leber), Fisch, wie z.B. Lachs oder Forelle, Ei, Amaranth, Bockshornkleesamen, Haferflocken, Kartoffeln, Karotte, Lauch, Fenchel, Erbsen und Linsen, kleine Mengen Walnüsse, Himbeeren, Lebertran-Öl, OPC, ausreichende Calcium- und Vitamin-D-Versorgung (Vorsicht: Nicht überdosieren!). Mit dem Fett sollte vorsichtig umgegangen werden, da es zu Durchfällen auf Grund von Verdauungsschwäche kommen kann. Gemahlene Kürbiskerne und Cranberrys (wirksam gegen Inkontinenz und Prostatavergrößerung). Auch hier gibt es Vitalpilze, die hervorragend zu diesem Syndrom passen: der Reishi für die Lebensenergie und die Gefäß- und Blutstärkung sowie der Cordyceps, der als stärkstes Yang-Tonikum fungiert und nicht umsonst auf der Dopingliste steht, aber als Vitalpilz viel Anwendung im therapeutischen Bereich findet und großen Nutzen zeigt. (Bitte unbedingt an das Einschleichen denken, ggf. eine erfahrene Therapeutin/erfahrenen Therapeuten hinzuziehen!)

b. Kräuterheilkunde:

Ginseng und **Rosmarin** (siehe Herz-Qi-Mangel), **Ingwer** (siehe Milz-Qi-Mangel), **Thymian** (siehe Eingedrungene feuchte Kälte in der Lunge).

Anis 0,5 bis 2 Gramm, warm und süß. Wirkt stark entkrampfend und verdauungsfördernd, regt den Appetit an und hilft der Milz. Anis ist pilzwidrig und verhindert Fehlgärungen, besonders hilfreich bei Kälte-Durchfällen und Blähungen. Es wärmt den ganzen Körper und trocknet Flüssigkeiten, ist aber Milchfluss-anregend.

Ebenso, mit beinahe gleicher Wirkung, sind **Fenchelsamen** 0,5 bis 2 Gramm.

Bei eingedrungener Feuchte Hitze (Blasenentzündung) haben sich auch diese Kräuter bewährt, die entwässernd, harntreibend und entzündungshemmend sind, aber auch bei Ödemen auf Grund von Nieren-Yang-Mangel helfen: **(Vorsicht! Sollte eine Nieren- oder Herz-Insuffizienz bestehen, sind diese Kräuter kontraindiziert!)**

Liebstöckel 2 bis 5 Gramm, gerne frisch gehackt, warm, süß, scharf, leicht bitter.

Liebstöckel ist ziemlich unverwüstlich und winterhart im Topf kultivierbar.

Wirkt als Diuretikum durchspülend und ableitend, regt die Milch- und Östrogenbildung an, entwässert bei hormonell bedingten Ödemen, kann die Potenz stärken, wärmt daher das Nieren-Yang, wirkt entkrampfend und verdauungsfördernd, da Galle anregend. Kann Steine lösen und wird als Harnstein-Prophylaxe empfohlen, leitet Nässe Hitze aus der Blase (Blasenentzündung).

Sägepalme (als Zusatzpräparat in vielen Blasen-Kräuter-Mischungen) wirkt diuretisch und Nieren-Energie-stärkend, hilft bei Prostatavergrößerung und Inkontinenz.

Ebenso die **Goldrute**, die in Kräutermischungen enthalten ist, sie ist kühl, bitter und zusammenziehend, wirkt auch diuretisch, ist entzündungshemmend, entkrampfend und antiseptisch, daher bei Nierenschwäche und Reizblase gut einzusetzen.

Orthosiphon/Katzenbart in einer Kräutermischung enthalten, neutral und bitter, wirkt entwässernd und entkrampfend, gut zur Vorbeugung von Harngrieß und Blasenentzündung, hilft bei Inkontinenz.

Birkenblätter 0,5 bis 3 Gramm, kühl, bitter, leicht scharf. Wirkt sehr stark diuretisch, auch entkrampfend, schmerzlindernd und entzündungshemmend Sehr gutes Heilkraut, welches bei Blasentzündung, Arthritis (spült auch die Gelenkkapseln) und Haarausfall gleichermaßen gut wirksam ist.

Petersilie 1 bis 4 Gramm, neutral bis warm, süß. Stärkt das Blut und das Qi, wirkt

Leber-Qi Stagnation entgegen, leitet die Feuchtigkeit aus, regt die Nieren an, stoppt die Milchbildung. Entzündungshemmend auch bei Blasenentzündung und Prostatitis.

Wacholderbeeren 1 bis 5 Gramm, warm, süß bis scharf. Trocknen, entwässern und lindern Schmerzen, wirken antiseptisch und sind besonders bei chronischen Blasenentzündungen hilfreich. Auch bei Rheuma und chronischen Muskel- und Gelenkschmerzen gut einsetzbar.

Mädesüß 0,5 bis 2 Gramm, kühl, bitter, leicht süß. Vertreibt Wind-Hitze aus Blase, Uterus und Muskeln, wirkt entzündungshemmend, schmerzlindernd, fiebersenkend, erweicht zähen Schleim. Beruhigt inneren Wind, besonders bei Verspannungen und Neuralgien und das rebellische Leber-Qi, bewegt bei Qi-Blockaden, sorgt für freien Fluss.

Die **Brennnessel**, die hier schon öfter beschrieben wurde, zählt auch zu den durchspülenden Kräutern, die zudem die Blutreinigung und -bildung unterstützt, wertvolle Mineralien enthält und der Haut und dem Fell zu Gesundheit und Glanz verhilft. In Fertigmischungen sind häufig auch wirksame Zusätze wie Bärentrauben, Hauhechel, Schließgraswurzel zusätzlich enthalten, einzeln aber meist schwer zu dosieren, bzw. zu verabreichen.

c. Akupressur-Punkte:
Ni7, Ni3, Bl40, Bl60, Ma40 (Stein- und Grießbildung) 3E5, Mi6, Mi4

Fallbeispiel: Joshi
Joshi, ein Golden Retriever, kastriert und inzwischen 12 Jahre alt, litt neuerdings an Harnträufeln und Muskelschwund, besonders an der Hinterhand. Joshi hatte im Verlauf seines Lebens immer wieder mit Durchfällen und auch Erbrechen zu tun gehabt und war noch nie der aktivste, er liebt seine Spaziergänge sehr, aber sportlich dabei sein, wollte er immer weniger. Sicher hat das auch mit dem zunehmenden Alter zu tun, aber in letzter Zeit häuften sich die Wehwehchen immer mehr. Joshi wurde Zeit seines Lebens gebarft (eine Mahlzeit täglich), da er Trockenfutter in jungen Jahren nicht vertragen hatte und das zu Sodbrennen und Juckreiz geführt hatte. Das Barf-Menü verträgt er gut, die zeitweisen Durchfälle häuften sich vermehrt. Das Harnträufeln war an Regentagen und bei kalten Temperaturen schlimmer und konnte sich bis zur kompletten Inkontinenz steigern, an wärmeren Tagen allerdings besserte sich es deutlich. Auf mein Anraten hin, wurde eine Kot- und Urinprobe ins Labor geschickt und ein Blutbild gemacht, alles war ohne Befund, selbst die Nierenwerte waren in Ordnung, einzig der Früherkennungswert und die Blutfette nebst Cholesterin etwas erhöht, die Leberwerte kurz davor. Morbus Addison konnte auch ausgeschlossen werden, Unverträglichkeiten eigentlich auch, da die Besitzer schon mehrere

Ausschlussdiäten ohne Ergebnis durchgeführt hatten. Joshis Zähne waren in Ordnung, die Zunge und die Schleimhäute blass, der Puls langsam. Bei meiner Untersuchung stellte ich Verspannungen in der Lendenwirbelsäulenmuskulatur und Muskelschwund an den Oberschenkeln fest. Joshi hatte schwache Knie und zeigte sich schmerzempfindlich beim Durchbewegen der Hüfte. Ich vermutete dort Arthrosen und ließ dies durch einen Tierarzt checken. Die Röntgenbilder zeigten leicht arthrotische Veränderungen an der LWS und an beiden Hüftgelenken. Im Grunde war das zu erwarten, einmal bei dem Alter von 12 Jahren und weil Joshi immer schon diesen Hüftschwung bzw. Laufsteg-Gang zeigte. Was irgendwie ganz süß und niedlich aussieht, ist meist ein Zeichen von Kompensation, da die Hunde so die Beugung im Hüftgelenk sparen und über seitliches Schwingen die Beine nach vorne bringen. Daher war inzwischen auch die Lendenwirbelsäule betroffen und die Muskeln der Hinterhand weniger geworden. Dazu kommt, dass Joshi einen typischen Nieren-Yang-Mangel zeigt: Kälte-Empfindlichkeit, schlechtes bis unzureichendes Verdauen von roher Nahrung, Inkontinenz, Muskelschwäche der Hinterhand und degenerative Knochenerkrankungen. Auch Zunge, Puls und Schleimhäute wiesen darauf hin. Die Therapie sah folgendermaßen aus: Joshi sollte noch ein paar beschwerdefreie Jahre bekommen, also bekam er zunächst sein Barf-Menu gekocht oder angedünstet (allein dies zeigte schon sehr schnelle Besserung der Symptome), dazu mehr Gemüse, besonders Fenchel und nun auch Kartoffeln und Bockshornkleesamen. Thymian, Brennnessel, Grünlippmuschel und Weihrauch wurden zu den nun empfohlenen zwei Mahlzeiten ergänzt, zeitweise bekam er an kalten Tagen auch Ingwer zusätzlich. Der Durchfall und die Schwäche waren schnell verschwunden, Joshi lief auch wieder gern und schlief nachts ruhig. Als das Harnträufeln im Winter an nassen Tagen wiederkehrte, wurden noch Bärentraube, Schließgraswurzel und Cranberrys zusätzlich ergänzt, die sogenannte »Inkontinenz-Mischung für fiese Tage«, immer in Verbindung mit Ingwer in ganz kleinen Dosen. Akupressiert wurden regelmäßig Ni3 und Ni7, Bl60 und Mi6 und von mir gab es ab und an Akupunktur von Bl69 (schwer zu akupressieren) und eine osteopathische Behandlung. (Anmerkung: Die Milz hat auch die Aufgabe, alle »Organe an ihrem Platz zu halten«, ist also an der Stabilität des Gewebes beteilig. Da Joshi eine Milz-Qi-Schwäche durch die fehlende Nieren-Wärme bekam und dazu roh gefüttert wurde, kam es zu Harnträufeln. Das sich dieses an kalten und nassen Tagen verschlechterte (dies alles mag die Milz und die Niere gar nicht) kam es zu Verschlechterung der Symptome.)

Arthrosen, Spondylosen, Hüftdysplasie & Co.

Wenn das Nieren Yang durch Abnutzung, Veranlagung, Fehlbelastung oder Fehlernährung, oder auch ganz einfach durch ein hohes Alter geschwächt ist, kommt es im Laufe der Zeit zu degenerativen Knochenerkrankungen und anderen Bewegungseinschränkungen mit dazugehörigen Schmerzen. Auch eine nicht behandelte Schilddrüsenunterfunktion kann bereits in jungen Jahren zu arthrotischen Veränderungen führen. Natürlich kann auch ein Trauma, also ein Unfall, dazu führen, dass die Beweglichkeit abnimmt oder der Hund auf Grund von Schmerzen eine Schonhaltung einnimmt, die wiederum zu Fehlbelastung anderer Gelenke oder Strukturen führt. Daher ist hier eine Diagnostik vonnöten, wie z.B. Röntgen, um den Störherd oder die Einschränkung einschätzen zu können. Sind die Schmerzen oder das Trauma akut, bedarf es nicht selten einer schulmedizinischen Medikation (Schmerzmittel), da kein Hund leiden darf oder soll. Phytotherapie ist meistens zwar schonender und verträglicher, hat deutlich weniger Nebenwirkungen (sofern richtig gewählt und dosiert), dennoch zieht sich der Wirkungseintritt auf ca. 2 bis 8 Tage. Ein akutes Geschehen kann damit also nicht artgerecht therapiert werden. In der Langzeittherapie und Dauermedikation ist sie aber im Gegensatz zur klassischen Medikation mit NSAIDs (Metacam und Co.) weitaus besser geeignet. In Kombination mit Akupunktur, Akupressur daheim, einer physiotherapeutischen oder osteopathischen Behandlung, die nach Möglichkeit regelmäßig durchgeführt

Lendenwirbel mit Spondylose (Knochenzubildung, Knochenbrücke) links und ohne Veränderung rechts.

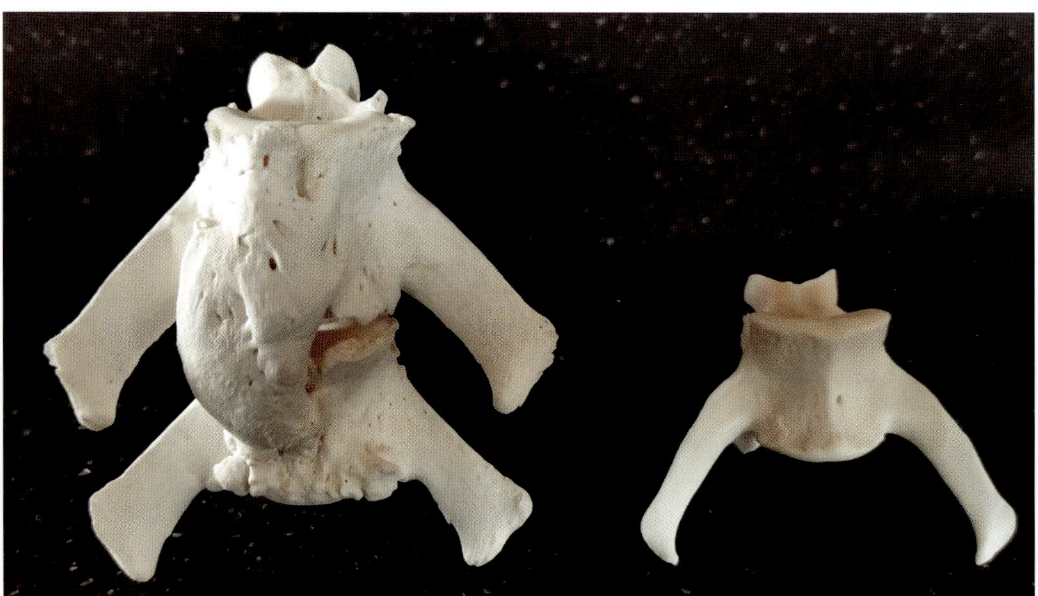

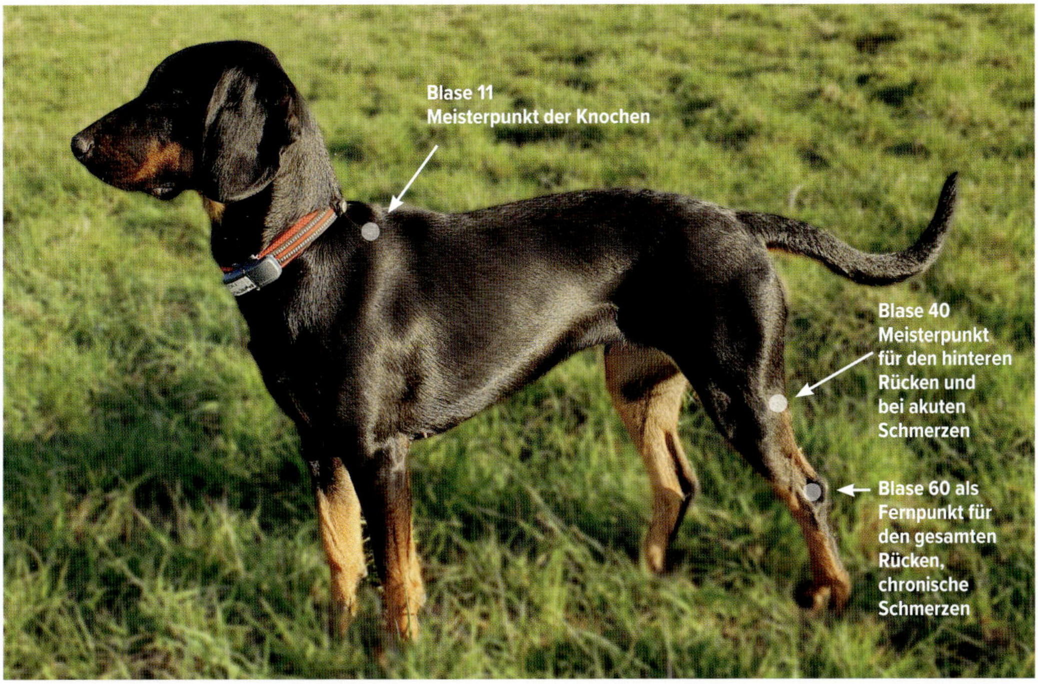

Passende Akupunkturpunkte zur Schmerzlinderung.

werden sollten, stellt die Kräuterheilkunde zusammen mit der richtigen Ernährung ein wirksames Schmerzmanagement dar. Einmal zerstörtes Gewebe kann natürlich nicht wieder dadurch geheilt oder erneuert werden, aber die Lebensqualität steigt und die Fehlbelastung und Schmerzen sinken. Das Gewebe wird durch geeignete Zusätze unterstützt und die Gelenkkapseln mit Hilfe von durchspülenden/ausleitenden Kräutern von Ablagerungen befreit.
Ganz wichtig ist hier neben der richtigen Wahl und Dosierung der Kräuter die genaue Beobachtung und Bewertung der Erkrankung und besonders des Schmerzgrades. Denn unter tierschutzrechtlichen Gesichtspunkten ist es stets zu erwägen, welche die geeignete Therapie für Ihren Hund darstellt. Daher sprechen Sie bitte auch die Wahl der Naturmittel zu Schmerzlinderung mit Ihrem Tierarzt ab und ergänzen bei Bedarf die helfende Schmerztablette oder Spritze. Besprechen Sie auch mit ihm die Sorgen bezüglich Unverträglichkeit oder Nebenwirkungen wie Magenschleimhautreizung, Erbrechen, Leber- oder Nierenprobleme. Wenn Sie offen sind für die Schulmedizin und Ihr Tierarzt offen für die Naturheilkunde, wird ganz sicher ein guter Weg für Ihren Hund gefunden werden. Das bezieht sich natürlich nicht nur auf schmerzlindernde Medikamente oder Kräuter, auch andere Organe, Gewebe und Erkrankungen profitieren von einer guten Kooperation beider Therapiemöglichkeiten.

a. Diätetische Maßnahmen sind hier:

- Weniger Fett, mehr Eiweiß, denn jedes

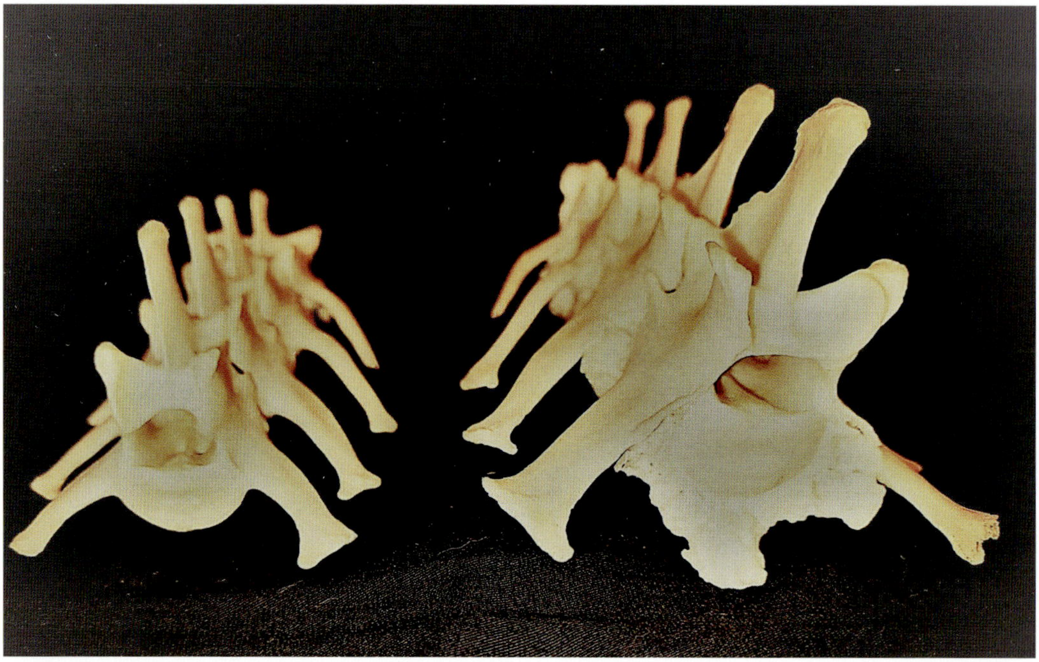

Lendenwirbelsäule links ohne, rechts mit Spondylose.

Unten ist deutlich die Brückenbildung und Verknöcherung zwischen den einzelnen Wirbeln zu sehen.

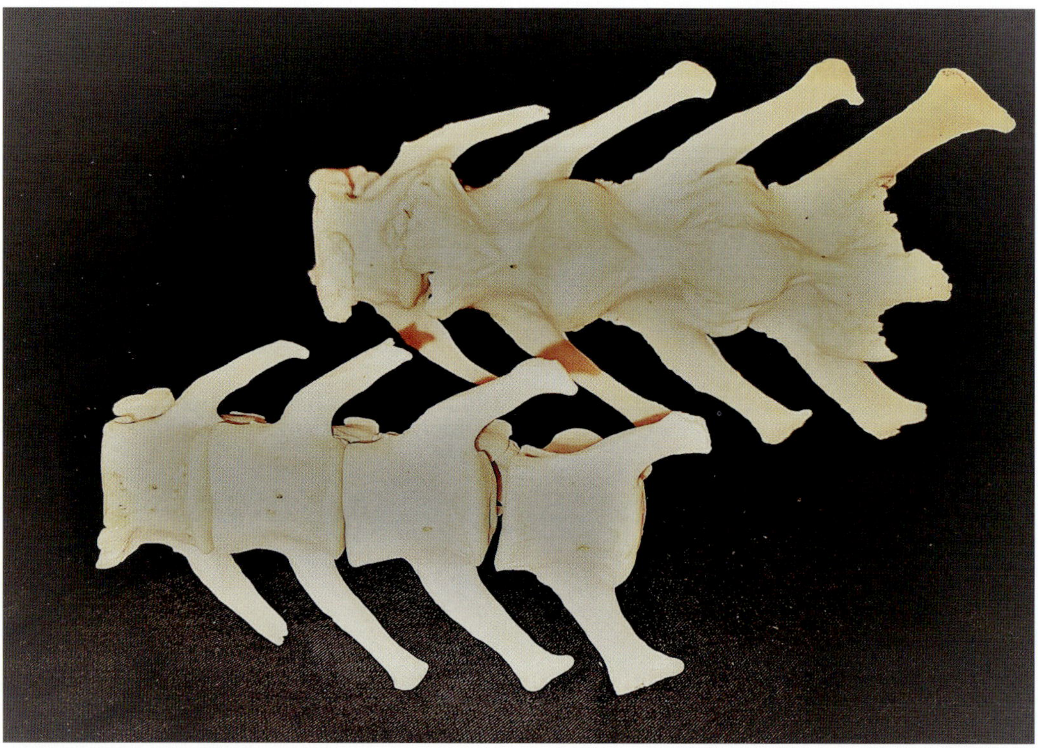

Gramm zu viel auf der Waage belastet die Gelenke
- 50 : 50 Rationen (Halb und halb Fleisch und Gemüse/Kohlenhydrate) bieten sich an
- Mineralisierung und Vitaminisierung anpassen
- Omega-3-Öle wirken entzündungshemmend. Krill-Öl, Lachs-Öl passen da perfekt, auch Aminosäuren und Reiskeimöl unterstützen die Muskulatur
- Blut- (Substanz) bildende Nahrungsmittel wählen, die von innen heraus Kraft und Energie geben und für ausreichend Durchblutung und Versorgung der Gefäße und Muskulatur sorgen
- Thermisch warme Nahrungsmittel wählen, da chronische Knochenerkrankungen Kälte-Krankheiten sind, Barfen ist hier manchmal kontraproduktiv, Trockenfutter wäre allerdings deutlich weniger geeignet, da es austrocknet, schwerverdaulich und selten hochwertig genug ist.
- Zusätze wie MSM (schmerzlindernd, bewegend, entgiftend) oder CBD-Öl (schmerzlindernd, beruhigend, entzündungshemmend) oder der Reishi-Vitalpilz können kurweise oder nach Absprache dauerhaft ergänzt werden.
- Chondroitin, Glucosamin und Mangan sind gute »Knorpel-Retter«
- Milchprodukte (Schleimbildung) und Weizen (kalt) sollten nicht mehr in den Napf, auch Saures sollte nur in Maßen gefüttert werden (verspannt Muskulatur)
- Das bekannte »Zeel ad. us. vet.« von Heel, ein homöopathisches Mittel ist sehr wirksam bei arthrotischen Veränderungen, welches direkt oral verbreicht werden sollte, im Futter wirkt es deutlich weniger.

b. Kräuterheilkunde:
Die meisten Kräuter wurden im Buch bereits beschrieben:
Mädesüß (siehe Nieren-Yang-Mangel), **Ingwer** (siehe Milz-Qi-Mangel), **Curcuma** (siehe Leber-Qi-Stagnation), **Weihrauch** (siehe Milz-Qi-Mangel), **Birke** (siehe Nieren-Yang-Mangel), **Brennnessel** (siehe Leber-Qi-Mangel), **Ginkgo** (siehe Leber-Yang-Überschuss).

Weitere empfehlenswerte Kräuter/Zusätze wären:
Weidenrinde 1 bis 3 Gramm, kalt, bitter. Wirkt schmerzlindernd, entzündungshemmend, blutverdünnend, entkrampfend, fiebersenkend. Weidenrinde ist ein hervorragendes pflanzliches Schmerzmittel, welches aber Salicylsäure enthält (aus ihr und Mädesüß wurde die »Aspirin« entwickelt), daher ist sie nicht zur Langzeitanwendung ohne Nebenwirkung, besonders auf die Magenschleimhaut, geeignet. Magenempfindliche Hunde bekommen oft schon nach wenigen Tagen Probleme. Kurweise und als »Stoß-Therapie« (3 Tage verabreichen und 3 Tage Pause im Wechsel) ist sie aber sehr hilfreich bei sämtlichen Schmerzen, nicht nur im Bewegungsapparat. Auch bei innerer Hitze im Verdauungstrakt wirkt sie kühlend, zusammenziehend, schmerzlindernd und entzündungshemmend.

Teufelskralle 1 bis 3 Gramm, kühl, bitter. Wirkt antirheumatisch, schmerzlindernd, entzündungshemmend und appetitanregend, stärkt Milz und Leber. Die Teufelskrallenwurzel hilft besonders bei Neuralgien und Verspannungen, da sie Wind ableitet und Steifheit lindert. Nicht bei Magen- oder Darmgeschwüren anwenden.

Spirulina (Alge aus Cyanobakterien) 0,5 bis 3 Gramm, kalt, salzig und süß. Sie wirkt blutbildend, leicht entgiftend, antiviral, entzündungshemmend, stärkt das Immunsystem und die Nerven, soll die Blutfettwerte und den Blutdruck senken können und stärkt somit das Herz und die Nieren, letzteres auch durch den hohen Gehalt an Mineralien und Vitaminen und guten Proteinen, die sich positiv auf Knochen und Gewebe auswirken und den Körper entsäuern und entwässern.

Ähnlich auch die **Chlorella Süßwasseralge**, die dafür noch stärker entgiftend wirkt, aber weniger essentielle Fettsäuren beinhaltet. Beide Algen wachsen im Süßwasser und beinhalten daher nur geringe Mengen Jod und sind dadurch nicht groß von Bedeutung bei Schilddrüsenerkrankungen.

Die **Grünlippmuschel** 0,5 bis 2 Gramm, kalt, salzig, süß. Wirkt entzündungshemmend, schmerzlindernd und blutbildend, sie hat positiven Einfluss auf die Gelenkschmiere und den Knorpelaufbau, ihr Wirkungseintritt dauert allerdings ca. 4 Wochen, dafür kann sie langfristig zugefüttert werden und hat keine Nebenwirkungen. Wichtig ist, dass bei der Zusammenstellung der Schmerzkräuter und Zusätze darauf geachtet wird, dass bei Kältekrankheiten wie Arthrose etc. nicht alleinig kühle und kalte Produkte ausgewählt werden, sondern mit warmen Kräutern oder Futtermittel im Wechsel oder gemeinsam, da sie sonst das Nieren-Yang und Nieren-Qi schwächen und die eigentlich hilfreiche Wirkung auf Dauer Nebenwirkungen mit sich bringt. Genauso auch die kühlende Hagebutte, die bei Arthrose

Tabelle der gebräuchlichen Kräuter zur Linderung von Schmerzen

Kraut	Warm	Kalt	Bewegt	Wind
Weidenrinde		X	X	X
Mädesüß		X	X	
Ingwer	X (!)		X	X
Curcuma	X		X (!)	X
Weihrauch	X		X (!)	
Birke		X	X	
Brennnessel	X		X	
Teufelskralle		X	X	X
Spirulina		X (!)	X	
Grünlippmuschel		X		
Ginkgo	X		X (!)	X (!)

! bedeutet: sehr wirksam | % bedeutet: leicht, anteilig wirksam | Antiinflammatorisch: entzündungshemmend | Analgetisch: schmerzlindernd | Diuretisch: entwässernd, durchspülend

oft zugefüttert wird, da sie bei Rheuma und Gelenksentzündungen Schmerzen lindern kann.

c. Akupressur-Punkte:

Bl11, Bl40, Bl60, Ni7, Ni3, Ma36, Gb20, Gl30 (lokaler Hüft-Punkt), Gb34, 3E5, Di4, Dü3, Mp9 (lokaler Knie-Punkt), Di11 (lokaler Ellbogen-Punkt). Hier ist das Kreisen mit der flachen Hand über der Wirbelsäule mit Verschiebung der Hautpartien sinnvoll (siehe Fotos im Akupressur-Kapitel), um Verklebungen der Haut mit der Muskulatur und die Faszien zu lösen.

Gebräuchliche Kräuter zur Linderung von Schmerzen

Bei chronischen Erkrankungen degenerativen Knochen-Zubildungen sind warme Kräuter angezeigt, da Kälte ausgeleitet werden soll, bei akuten Geschehen, wie aufflammender Arthritis oder Sehnenentzündungen sind kühle und neutrale Kräuter das Mittel der Wahl, die auch Ablagerungen ausspülen. Aufweichende Kräuter sind salzig oder scharf, bzw. auflösend und gut bei Verspannungen oder Blockaden geeignet. Ebenso die bewegenden Kräuter, sie bringen das Qi bei Stasen und Blockaden wieder in den freien Fluss, bewegen das Blut, sind also durchblutungsfördernd. Yin/Xue bildend bedeutet, dass diese Kräuter die Substanz und das Blut bilden, sie sollten immer Anwendung finden, da sich Qi und Blut nur gut bewegen können, wenn sie ausreichend vorhanden sind. Wind bedeutet Verspannungen, Neuralgien oder Lähmung.

Antiinflammatorisch	Analgetisch	Diuretisch	Aufweichend	Yin/Xue bildend
X (!)	X (!)	X		
X	X	X		X (!)
%	X			
X (!)	X (!)		X	%
X (!)	X (!)		X	%
X	X	X		%
X		X	X	X (!)
X	X			%
X		X	X	X (!)
X	X			X
			X	

Sonderfall: Niereninsuffizienz

(eine Kombination aus Nieren-Yin und Nieren-Yang-Mangel, geschwächtes Nieren-Qi, mit Einfluss auf die anderen Organfunktionskreise)

Beginnend mit leichten Einschränkungen, wie häufiges Urinieren, trockenes und brüchiges Fell, Inappetenz, vermehrtem Trinken, Unruhe mit Schwäche, Hecheln, Rückenschmerzen und Knieschwäche, Schuppenbildung, Juckreiz, urämischer Geruch, Zahnstein, Ödeme am Unterbauch, bis hin zu Erbrechen, Abmagerung und Harnverhalt und schlussendlich Nierenversagen sind die Zeichen und Symptome leicht zu erkennen. Zum Ende der Erkrankung sind alle Funktionskreise betroffen. Häufig gibt es Zusatzbefunde wie Schilddrüsenunterfunktion, Herzinsuffizienz oder Vergiftungen. Blutbilder, Urinproben, Ultraschall etc. sind zur Diagnosefindung unverzichtbar.

a. Diätetik:
Keine Knochen, auf Weizenkleie, Haferflocken und Hefe (enthalten zu viel Phosphor) verzichten, keine großen Mengen Obst verfüttern. Trockenfutter ist absolut kontraindiziert, da es dem Körper Flüssigkeiten raubt und zu innerer Hitze durch die schwere Verdaulichkeit führt, zudem sind dort meist zu hohe Getreide-Anteile vorhanden und das Protein ist durch das Herstellungsverfahren schwer zu verstoffwechseln, so dass die Nieren überfordert werden. Eher fetthaltiges Fleisch wählen, Proteine wie zum Beispiel im Hüttenkäse sind gut zu verarbeiten, Kartoffeln, Eier, Hülsenfrüchte sind gute Energiequellen.

b. Kräuter sind mit großer Vorsicht einzusetzen, da sie die Nierentätigkeit schnell beeinflussen, hier sollten mild diuretische Heilkräuter Verwendung finden, Birkenblätter wären zu stark. **Löwenzahn, Orthosiphon** und die **Brennnessel** können kurweise gut unterstützen. Es gibt eine homöopathische Ampullen-Mischung, die sogenannte »SUC-Kur«, bestehend aus Solidago compositum ad. us. vet, Ubichinon compositum ad. us. vet und Coenzyme compositum ad. us. vet. von der Firma Heel, sie leitet Giftstoffe aus, unterstützt den Stoffwechsel und die Nieren und entlastet den ganzen Körper. Viele Kliniken wenden sie inzwischen an, da sie schon so oft erfolgreich eingesetzt werden konnte.

c. Passende Akupressur-Punkte gibt es viele, da die Niereninsuffizienz viele Funktionskreise betrifft. Ni3 ist obligatorisch, da Nieren-Qi stärkend. Ni6, wenn das Nieren Yin gestärkt werden soll, Ni7, wenn das Nieren Yang Unterstützung benötigt, Mp6 hilft bei der Verdauung, Blutbildung und Verteilung und Speicherung von Nährstoffen, Di11 kann innere Hitze ableiten, Ma36 bei Inappetenz und Erbrechen helfen. Bl40 kann Feuchte-Hitze ableiten und das Blut kühlen.

Sonderthema: Autoimmunerkrankungen und Krebs

Autoimmunerkrankungen

... sind leider auch bei unseren geliebten Vierbeinern angekommen. Sie können leichte Einschränkungen und Beschwerden bedeuten, aber auch schwerste Krankheitsbilder mit sich bringen und leider sind sie nicht heilbar. Sie entstehen durch ein entgleistes Wei-Qi (überschießende und fehlgeleitete Immunreaktionen) und beinhalten meist eine chronische innere, auch toxische Hitze (Entzündungen), die schubweise auftritt. Eine Lungen-Qi-Schwäche mit Milz-Qi-Mangel, anhaltendes überschießendes Leber-Yang, chronischer Stress und Nahrungsmittelunverträglichkeiten, sowie Vererbung und manche Viruserkrankungen können Auslöser darstellen. Autoimmunreaktionen betreffen meistens die Haut oder den Magen- und Darmtrakt, welches den Bezug zur Erde und zum Metall zeigt. Daher liegt es nahe, den Lungen- und den Milz-Funktionskreis zu stärken und natürlich die Essenz und sie Substanzen zu bewahren, die ja die Energie- und Versorgungsquelle für alle darstellen und das Qi, besonders hier das Wei-Qi, in geordnete Bahnen zu lenken und zu regulieren.
Natürlich können auch die Muskulatur oder die Augen betroffen sein. Hier ist der Bezug beim Leber-Funktionskreis zu suchen und die Leber-Qi-Stagnation zu lösen, sowie das Leber-Yang zu drosseln und das Qi der Leber und Galle zu stärken.
Ganz besonders möchte ich hier darauf hinweisen, dass das Immunsystem niemals stark angekurbelt werden sollte und das immunstärkende Zusätze sich sehr kontraproduktiv auswirken und einen Schub auslösen können. Daher sind moderat und regulierend wirkende Mittel angezeigt.
Je nachdem welcher Funktionskreis betroffen ist, können hier sinnvolle Nahrungsmittel und passende Zusätze Linderung verschaffen. Bei Erbrechen, Sodbrennen und Durchfall kann ein Behandlungsplan wie beim Magen-Yin-Mangel Abhilfe schaffen, bei entzündeten roten und juckenden Hautstellen kann man sich helfende Zusätze beim Lungen-Qi- und Yin-Mangel abschauen. Da diese Symptome zwar zeitweise sehr stark auftreten, aber selten ganz abklingen, gibt es speziell bei Autoimmunerkrankungen wie der IBD (inflammatory bowel desease) ein paar generell wichtige zu beachtende Dinge:

- Verzichten Sie auf Fertigfutter-Produkte, wenn dort Konservierungs- und Geschmacksstoffe enthalten sind. Lesen Sie die Deklarationen sorgfältig durch.
- Histaminhaltige Nahrungsmittel, wie Erdbeeren oder eine Salami-Scheibe als Leckerchen begünstigen allergische und überschießende Reaktionen
- Kein Weizen und nach Möglichkeit auch keine Milchprodukte verfüttern
- Keine Echinacea- oder Zistrosen-Präparate einsetzen, da diese das Immunsystem hochfahren, ebenso hohe Dosen Vitamin C
- Auf Trockenfutter würde ich verzichten, da es die innere Hitze anfeuert und lange Verdauungszeiten benötigt und daher den Stoffwechsel belasten kann.
- Schilddrüsen-, Leber- und Nebennieren-Werte abklären lassen

Als Zusätze eignen sich, sofern die Verträglichkeit geklärt ist:

- Eine Ausschluss-Diät ist unbedingt erforderlich
- Geeignete Darmbakterien und Prä- so wie Probiotika zur Gesunderhaltung der Darmflora, sowie Zeolithe zur Reinigung des Darmes
- Regelmäßige Entgiftungen und Stoffwechselkuren mit Löwenzahn, Brennnessel, Mariendistel und auch Koriander sind geeignet
- Krill-Öl, Lebertran-Öl oder andere Fettsäuren, die das gute Omega 3 und Vitamin D enthalten. Auch Nachtkerzen-Öl hat sich bei Haut- und Fellproblemen bewährt
- CBD-Öl ist ebenfalls entzündungshemmend, regulierend und beruhigend
- OPC als Traubenkernextrakt gibt Kraft und stützt das Immunsystem
- Weihrauch lindert Schmerzen, Entzündungen und ist auch in der Humanmedizin bei Morbus Crohn beliebt
- Schafgarbe kann bei blutigen Durchfällen helfen
- MSM kann bei allergischen Reaktionen lindern, wirkt leicht entgiftend und schmerzlindernd, unter anderem auch immunmodulierend
- Vitalpilze sind generell gut geeignet, da aber bitte Rücksprache mit einem versierten Therapeuten halten. Die Anzahl möglicher Vital- oder Heilpilze ist groß und ihre Wirkungen von übergreifend bis speziell. Siehe auch weiterführende Literaturempfehlungen im Anhang.
- Auf Entspannungspausen und Stressreduktion achten

Krebs

... bedeutet immer Stagnation bzw. Stase von Qi und später dann Blut (Xue). Die Bildung von Tumoren ist nicht Funktionskreisgebunden und damit organübergreifend. Maligne Tumore sind nahezu überall im und am Körper möglich. Krebs als Todesursache gewinnt immer mehr an Bedeutung und benötigt daher dringend schulmedizinischer Diagnostik und Behandlung! Die TCM stellt hier eine begleitende Therapiemöglichkeit dar: Die Schulmedizin »bekämpft« oder entfernt den Tumor, die TCM stärkt derweil den Patienten.
Wie genau kann die chinesische Medizin nun helfen? Laut TCM ist, wie bereits oben beschrieben, ein Tumor ein Zeichen einer Stase von Qi und Blut. Diese manifestierten Blockaden können durch Autoimmunerkrankungen, Gifte, langanhaltenden Krankheiten, Hormonschwankungen, Stoffwechselstörungen mit dadurch entstehenden inneren Noxen (Giften), Dauermedikationen, Stress und langanhaltenden emotionalen Ungleichgewichten (sagen die Chinesen jedenfalls) entstehen. Auch ein immerwährender Feuchtigkeitsüberschuss, der durch Wärme zu Schleim und durch Hitze zu »Knubbeln« eindickt, kann ein tumoröses Geschehen auslösen. »Durch Hitze eingekochter Schleim« ist meist die Ursache eines Knotens, der entarten kann, so erklärt es auch Georg Weidinger in seinen Büchern.

Die Therapie der TCM:

- **Zuerst das Qi und das Blut stärken, bevor es bewegt wird** (wenn überhaupt, denn die Verteilung von entarteten Zellen ist zu verhindern!) Die Essenz bewahren und auf eine geregelte Lebensweise achten.

- Die toxische Hitze klären, wenn nötig.
- Dann den Schleim ableiten (eines der wichtigsten Therapieschritte) und die Qi-Blockaden und die Blut-Stasen lösen und ggfls. den Knoten erweichen.
- Den Körper ausreichend entsäuern und entgiften, Darmbakterien hinzugeben.

Um das Yin und das Yang ins Gleichgewicht zu bekommen, die Substanzen und das Qi zu stärken und wieder alles in den richtigen Fluss zu bringen, den Schleim abzuleiten, haben sich folgende Mittel und Zusätze bewährt:

- Die Mistel ist geeignet zur Palliativtherapie bei malignen Tumoren.
- Der Ginseng ist ein starkes Tonikum von Geist und Körper.
- CBD-Öl kann den Patienten unterstützen, wenn Unruhezustände und wiederkehrende Entzündungen ein Thema sind.
- Omega-3-Öle lindern Entzündungen und spenden Antioxidantien und wirken gegen freie Radikale.
- Schwarzkümmel kann antiallergisch wirken und moduliert das Immunsystem.
- Kurkuma und Weihrauch sind auch hier wertvolle Unterstützer im Kampf gegen Entzündungen und Schmerzen, wirken Schleim transformierend.
- Löwenzahnsirup, Brennnesselkraut, Mariendistel helfen bei der Entgiftung und Schleimausleitung.
- Apfelessig unterstützt das Immunsystem und wirkt leicht entsäuernd und ist zudem appetitanregend.
- Spirulina und Chlorella liefern Nährstoffe, stärken das Immunsystem, reinigen und nähren das Blut, sind zudem salzig.
- Schisandra (Spaltkörbchen) ist in vielen Krebs-Therapeutika zu finden.

Diätetische Maßnahmen:

- Keine Fertigfutter, kein Trockenfutter! (Gute Fleisch-Menü-Dosen von verantwortungsvollen Herstellern mit offener Deklaration sind sehr wohl geeignet.)
- Keine Milchprodukte (Schleimbildner) und kein Weizen, generell weniger Kohlenhydrate (davon ernähren sich Krebszellen). Hirse, Amaranth und Reis sind dagegen willkommen.
- Kochen oder Barfen, viel Gemüse (Fenchel, Kürbis, Brokkoli), Himbeeren und Blaubeeren, leicht verdauliches und helles Fleisch verwenden (Kaninchen, Huhn, Fasan, Fisch).
- Hüttenkäse oder Schafskäse kann ab und an beigemischt werden, sie enthalten gute Proteine.
- Ingwer, sofern gut verträglich, kann im Winter das Nieren-Yang unterstützen.

Akupressur-Punkte:

- Stärken von Qi und Xue: Mi6 und Ma36
- stagnierendes Qi und Xue: Le3
- Ausleiten von Hitze: Di11, 3E5, Bl40
- Ausleiten von Schleim: Ma40

Hinweis: Sollte der Tumor oder auch nur eine Zyste an oder in der Nähe des eigentlich passenden Akupressur-Punktes liegen, dann darf dort keinesfalls akupressiert werden! Generell sollte bei kanzerösem Geschehen die befallene und umliegende Fläche nicht groß abgetastet oder gar massiert werden!
Auch die Akupunktur ist in den meisten Fällen in der Tumortherapie kontraindiziert, besonders Blut-bewegende Punkte dürfen nicht genadelt werden. Aber auch hier gibt es natürlich Ausnahmen.

9. DER ALTE HUND

Ab wann ist ein Hund alt? Das ist eine gute und berechtigte Frage, die aber nicht pauschal beantwortet werden kann.
Ob ein Hund alt ist, kann daran festgemacht werden, inwieweit seine Lebenskraft und Vitalität nachgelassen hat. Krankheiten oder das Alter allein zählen nicht, da trotz Beeinträchtigungen und fortgeschrittener Stadien die Lebensqualität noch gut und zufriedenstellend sein kann. Erst wenn vieles nicht mehr so leichtfällt, die benötigten Ruhephasen länger werden und die Zipperlein an Bedeutung gewinnen, dann kann man von »alt« sprechen. Der eine Hund ist mit 9 Jahren alt, der andere ist mit 13 noch fit.
In der traditionellen chinesischen Medizin beruht das Altwerden auf einem Nachlassen der Jing-Essenz (der Ur-Energie/Konstitution/Zellteilungskraft und Zellenergie) und einer zunehmenden Schwäche des Nieren-Yangs, also der Wärme für die Organtätigkeiten und den Stoffwechsel sowie der Leistungsfähigkeit von Körper und Geist.
Die TCM besagt, das zwischen den Nieren das Lebensfeuer liegt, auch Mingmen genannt, welches nicht erlöschen darf und es zu pflegen gilt.
Da im Alter das Feuer kleiner wird, gibt es Möglichkeiten, die Wärme von außen zuzuführen und das Feuer zu unterstützen. Der wärmebedürftige alternde Hund benötigt auch, je nach Fellbeschaffenheit, eine Decke bzw. ein Mäntelchen zum Spazierengehen, wenn es draußen, nass, kalt und windig ist. Wenn man bedenkt, dass der Blasenmeridian über den gesamten Rücken läuft, genaugenommen rechts und links neben der Wirbelsäule, den langen

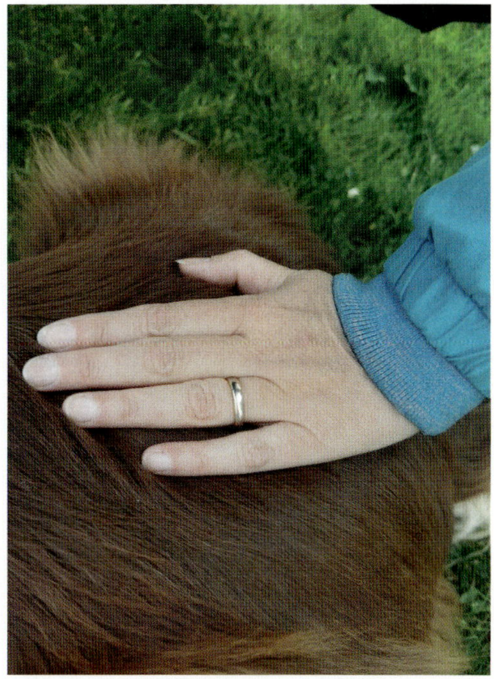

Der Ort des Lebensfeuers, Mingmen.

Higgins liebte seinen Mantel, den Schnee konnte er trotzdem nicht leiden.

Higgins im Alter von 12 Jahren.

Rückenmuskel entlang, dann gilt es hier nicht nur Blase und Nieren zu schützen, sondern auch die Muskulatur, die durch Kälte erstarrt und verkrampft. Nicht selten werde ich zu Patienten gerufen, die starke Rückenschmerzen zeigen, die sie sich durch die Kälte und Nässe draußen geholt haben und welche nicht durch Skeletterkrankungen kommen. Also: der Hunde-Senior bekommt im Winter ein Mäntelchen an. Das hat nichts mit Verhätscheln zu tun, sondern stellt eine reelle Krankheitsvorbeugung dar.

Diätetische Möglichkeiten

Um das Milz-Qi zu unterstützen (das nachlassende Nieren Yang kann die Verdauungsorgane nicht mehr anfeuern), sollten mehrere Mahlzeiten und nur noch gekochte Lebensmittel angeboten werden. Barfen ist eine wunderbare Sache, aber die meisten alten Hunde haben nicht mehr genug Energie, um es verdauen zu können. Ausnahmen bestätigen natürlich die Regel. Zum Futterplan sollten thermisch neutrale bis warme Fleisch- und Gemüsesorten zählen, der Fettgehalt minimiert werden, die Proteine leicht verdaulich und hochwertig sein. Bindegewebereiches Fleisch liegt lange im Magen und raubt den Platz für nährstoffreiches Futter. Trockenfutter verbrauchen oft viel Energie und verursachen dafür innere Hitze (keine erwünschte Wärme), daher sind gute Fleischmenü-Dosen hier eine willkommene Fertig-Futter-Alternative, sofern die Mahlzeiten nicht selber vom Besitzer zusammengestellt werden. Hüttenkäse kann sehr gut beigemengt werden, der Mineral- und Vitamingehalt sollte stets überprüft werden, da auch der Senior einen hohen Bedarf an Vitalstoffen hat. Was nun alles in den Napf kommen sollte, kann man sich bei den Therapieempfehlungen für den Nieren-Yang-Mangel abschauen.
Mögliche Zusätze für ein glückliches Alter gibt es natürlich auch:

- Der Vitalpilz Reishi unterstützt den Körper in beinahe allen Funktionen und stärkt die Vitalität und Lebenskraft.
- Weihrauch als Pulver ist ein willkommenes Mittel bei Arthrose-Schmerzen und Verdauungsstörungen.
- Regelmäßige Kuren mit Löwenzahn-Press-Saft oder pürierten Brennnesseln im Futter entlasten die Nieren und die Leber, reinigen und stärken das Blut, nähren die Substanz und sind wahre Vitamin- und Immun-Booster.
- Ginkgo und Weißdorn helfen gerade an warmen und heißen Tagen, den Kreislauf, die Durchblutung und die Herzleitung in Gang zu halten, auch das Gehirn wird gut versorgt und stellt für erste Symptome einer Demenz eine gute Hilfe dar.
- Rosmarin kann das Herz unterstützen.
- Melisse und die Passionsblume, auch der Baldrian, können nächtliche Unruhe lindern.
- Der Ginseng kann alte und unbewegliche Hunde wieder munterer machen, ist aber bei Schlaflosigkeit und Unruhe kontraindiziert.
- Krill-Öl liefert wertvolle Fettsäuren, die entzündungshemmend wirken.
- OPC, das Traubenkernextrakt, stärkt das Immunsystem und das Herz.

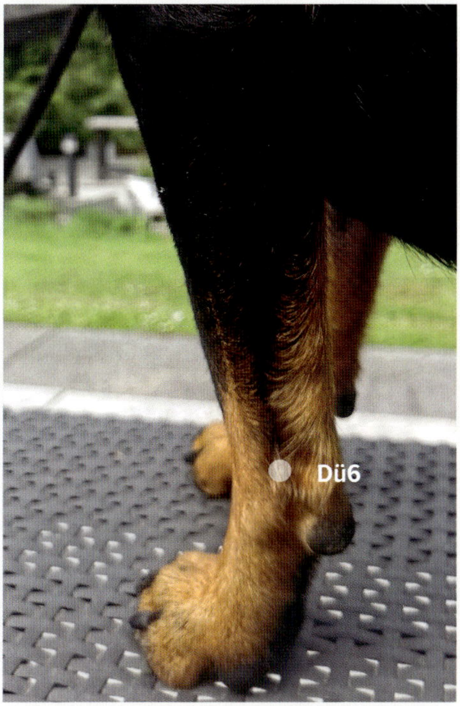

Dü6 »Glückliches Alter«

Empfohlene Akupressur-Punkte

Wie immer, die fast alles stärkende Kombi: Mp6 und Ma36, Ni7, Bl60 bei Rückenschmerzen und ein besonderer Punkt: Dünndarm 6 (»Glückliches Alter«), der durchblutungsfördernd wirkt, die Leber beruhigt, Verkrampfungen löst, der Sehkraft hilft und Schmerzen in der Vorhand lindert. Natürlich sollten Sie regelmäßig mit ihrem Hund zum Tierarzt fahren, wenn Sie feststellen, dass es ihm nicht gut geht oder sich Krankheiten verschlimmern. Auch hier gibt ein Blutbild schon mal eine gute Richtlinie, aber der Doc wird hoffentlich wissen, was noch zu tun ist. Die Schulmedizin hat ebenfalls ein paar gute Mittel, um die verbleibende Zeit auf Erden angenehm gestalten zu können.
Die Lebensqualität geht vor und das Leben mit einem alten Hund ist ein ganz anderes, als das, welches Sie von vorher kannten. Die langen Ausflüge im Wald gibt es nicht mehr, das Allein-Lassen wird problematischer und auch die Tierhaltungskosten auf Grund von mehreren Zusatzmitteln und Medikamenten sowie Therapien steigen. Aber das gehört nun mal dazu. Die TCM bietet eine gute Ergänzung zu der Schulmedizin und es gibt Gott sein Dank ja auch noch Hunde, die ganz ohne Medikamente gesund alt werden. Achten Sie dabei auf die alten chinesischen Weisheiten und denken Sie daran, ein geregeltes, nicht mehr zu ausschweifendes oder stressiges Leben ihrem Hund zukommen zu lassen, dass dennoch viele schöne Momente bereithält. Ich fand gerade die letzten Jahre mit meinem Higgins noch einmal so besonders, weil sie voller Vertrautheit und inniger Verbundenheit waren. Alte Hunde haben so etwas Weises, Abgeklärtes und Erhabenes. Genießen Sie diese Jahre und unterstützen Sie ihn, soweit es geht. Jeder der 5 Hunde-Typen wird anders alt, hat andere Wehwehchen und Zipperlein und ist sicher auch anders drauf, meistert die alten Jahre mal mit Sturheit, mal mit Jammern und mal mit unsterblichem Frohsinn. Wie Sie darauf reagieren können und es Ihrem Hund so leicht wie möglich machen, wenn es mal nicht so rund läuft, konnte ich Ihnen mit diesem Buch vielleicht zeigen. Sollte Ihr Hund noch nicht zu den Senioren zählen, dann haben Sie trotzdem hoffentlich viel an wertvollen und hilfreichen Tipps mitnehmen können, um die noch kommenden gemeinsamen Jahre

Die langen Spaziergänge werden immer kürzer mit der Zeit, machen aber genauso Spaß.

gesund und fröhlich miteinander verbringen zu können. Die traditionelle chinesische Veterinär-Medizin ist keinesfalls eine »Aller-Heil-Methode«, sie stellt für mich aber eine gelungene und perfekte Ergänzung zur Schulmedizin dar und mein Wunsch wäre es, diese Methode mehr ins Licht zu rücken und für Hunde-Besitzer bekannter zu machen. Vielleicht habe ich Ihr Interesse an der TCM und der Typen-Lehre wecken können, es würde mich sehr freuen. Wenn ich Ihnen den ein oder anderen »A-Ha-Effekt« ins Gesicht zaubern konnte, dann hat sich das Schreiben für mich und das Lesen für Sie auf jeden Fall gelohnt.

Nun wünsche ich Ihnen noch viele gemeinsame, gesunde Jahre und wunderschöne Momente mit Ihrem Hund.

Bleiben Sie offen und neugierig!

Ihre Diana Tiebes

DANKE

Nun, am Ende dieses Buches angekommen, bin ich vielen Menschen ganz besonders dankbar und möchte folgendes loswerden:

Stephanie Reineke – ohne Dich hätte ich gar nicht angefangen, endlich und wirklich ein Buch zu schreiben. Deine Motivation war unfassbar ansteckend und Dein Herzblut, in dem, was Du tust, erfrischt mich immer wieder. Danke auch für Deine Ideen und die konstruktive Kritik!

Kerstin Schocke – meine ganz besondere Freundin, keiner kennt mich so wie Du. Danke für Deine lieben Worte, Deine Zuversicht in mich, Dein »in den Arm nehmen« und auch für die diversen Tritte in meinen Allerwertesten, je nachdem, was gerade nötig war. Ich bin so froh, Dich schon so lange an meiner Seite zu haben.

Julia Sieg – meine Lara Craft; jedes Essen-Gehen und Kaffee-Trinken mit Dir rettet mich, wenn ich mal wieder raus muss. Leider ist Deine wundervolle Polizei-Hündin mein therapeutischer Endgegner, aber wir geben ja nicht auf.

Claudia König und der Verlag Müller Rüschlikon – Danke, dass ich mit Ihnen meinen Traum vom eigenen Buch verwirklichen konnte. Nicola van Ravenstein (Grafik) und Claudia König (Lektorin) für die angenehme Zusammenarbeit.

An meine Patientenbesitzer – Danke, dass Ihr mir nun schon seit über zehn Jahren so viel Vertrauen entgegenbringt.

An meine Foto-Spender – Danke an: Alison Marburger, Eheleute Pogoreutz, Familie Knappe, Carola Timpe, Julia Sieg, Linda Kutz, Heinz Viehausen, Eheleute Zähres, Eheleute Weihgold, Familie Link, Familie Bluhm, Petra Hohmann, Eheleute Brauer und Judith Lohaus.

Meine Familie – Ohne Euch wäre das hier gar nicht möglich gewesen, immer seid Ihr für mich da, besonders für meine Tochter Leonie und auch für meine Hühner. Ohne Eure Unterstützung wären meine mobile Praxis, die Kurse und dieses Buch hier gar nicht möglich gewesen.

Und ganz besonders bedanken möchte ich mich bei Leonie, meiner wundervollen Tochter. Du trägst den oft verrückten Alltag mit mir so wunderbar herrlich mit, Deine lustige, offene und herzliche Art ist ein Geschenk. Bleib wie Du bist, ich bin stolz auf Dich!

ÜBER DIE AUTORIN

Diana Tiebes wohnt mit ihrer Familie und ihren Tieren am grünen Rande des Ruhrgebietes und ist dort schon seit über 10 Jahren mit ihrer mobilen Praxis unterwegs. Sie ist seit 2006 geprüfte Tierheilpraktikerin, mit den Schwerpunkten Ernährung und Kräuterheilkunde. Vor einigen Jahren kamen dann zwei weitere große Zusatzausbildungen zur klassischen TCM-Therapeutin und Osteopathin für Hunde und Pferde dazu. Viele andere Seminare und Fortbildungen zum Thema Naturheilkunde und Tiermedizin folgten und werden noch folgen, stets nach dem Motto: »Man lernt nie aus«, denn die ganzheitliche Sicht auf den Körper, das Leben und die Zusammenhänge sind ein sehr spannendes Thema.

Die Autorin ist zudem als Gastdozentin am Ausbildungszentrum für traditionelle chinesische Veterinärmedizin von Stephanie Reineke in Warburg für die Fächer Diätetik, Ernährung nach den 5 Elementen und westlicher Kräuterheilkunde nach chinesischen Richtlinien tätig.

Diana Tiebes gibt außerdem Seminare und Kurse für interessierte Hunde- und Pferdebesitzer zu diesen Themen, wie auch zu anderen Fachgebieten. Zum Beispiel: »Kompensationswunder Pferd (Hund) – Probleme im Bewegungsapparat frühzeitig erkennen und Anatomie verstehen« oder »Akupressur am Pferd (Hund)«.

Diana Tiebes

www.tierheilpraxis-tiebes.de

LITERATUR

Empfehlenswerte Literatur zum Weiterlesen und Vertiefen

Aus der Tiermedizin:
TCM-Diagnostik in der Veterinär-Medizin von S. Reineke, Windpferd Verlag

Ganzheitliche Ernährung für Hund und Katze von G. Bolbecher und N. Dillitzer, Thieme Verlag

Gesund füttern – Entzündungen vorbeugen, Dr. med. vet. C. Kolodzey, Kosmos Verlag

Phytotherapie in der Tiermedizin von C. Brendiek-Worm und M.F. Melzig, Thieme Verlag

Mykotherapie für Tiere – Vitalpilze: Heilkraft, Wirkung und Anwendung von W.M. Pulfer, Thieme Verlag

Ernährung & Verhalten beim Hund von S. Strodtbeck und B. Schröder, Verlag Müller Rüschlikon

Kastration und Verhalten beim Hund von S. Strodtbeck und U. Gansloßer, Verlag Müller Rüschlikon

Die Biologie der Hunde von T. Lewis, Kynos Verlag

Taschenatlas Akupunktur bei Hund und Katze von C. Eul-Matern, Sonntag Verlag

Aus dem Humanbereich:
Das große Handbuch der Chinesischen Ernährungslehre von M. Heider de Jahnsen, Windpferd Verlag

Leitfaden Chinesische Medizin von Focks, Elsevier Verlag

Westliche Pflanzen und ihre Wirkungen in der TCM von R. Traversier, Haug Verlag

Checkliste Chinesische Diätetik von S. Englert, Haug Verlag

Die Heilung der Mitte von Dr. med. G. Weidinger, Ennsthaler Verlag

Bildnachweis

Daniela Bluhm S. 80, 81
Corinna Brauer: S. 67
Kati Knappe: S. 35 Keks rechts, 59, 62
Linda Kutz: S. 43, 76, Rudi, 77
Marie Link: S.76 Bosse, 126
Judith Lohaus: S. 29, 64, 66, 68
Alison Marburger: S. 46, 69, 73, 83, 94, 167, 172
Pogoreutz: S. 31 Olga, 55, 56, 57
Stephanie Reineke: S. 154
Julia Sieg: S. 31, Yana, 97, 135
Diana Tiebes: S. 8, 9, 10, 16, 21, 22, 23, 24, 25, 27, 28, 30, 35 li., 37, 39 u., 44, 54, 61, 63, 70, 71, 72, 75, 84, 85, 87, 88, 90, 91, 93, 95, 108, 109, 110, 111, 112, 113, 114, 115, 116, 117, 120, 121, 122, 128, 132, 133, 142, 147, 149, 152, 162, 163, 165, 166, 168, 169, 171, 173, 176
Leonie Tiebes: S. 2, 60, 100, 103, 104, 105, 106, 107, 170
Carola Timpe: S. 78, 79 o. li.
Heinz Viehausen: S. 47, 48, 49, 50, 52
Carina Weihgold: S. 19, 39, 85
Susanne Zähres: S. 79 o. re.,153
© tan4ikk/stock.adobe.com: S. 28
© Paylessimages/stock.adobe.com: S. 40
© AnnaPa/stock.adobe.com: S. 11
© suns07butterfly/stock.adobe.com: S. 46, 53, 58, 63, 69
© Ocskay Mark/stock.adobe.com: S. 118
© alexei_tm/stock.adobe.com: S. 82
© #FotosVonSascha/stock.adobe.com: S. 13
© Simone/stock.adobe.com: S. 18

Seite 7 + 8:
Bosse + Emmi: Marie Link
Jack: Heinz Viehausen
Cooper: Conny Brauer
Toxy: Susanne Zähres
Lucky Luke + Goldie: Carina Weihegold
Higgins, Keks, Sam + Olga, Higgins + Huhn: Diana Tiebes
Hey Hey: Carola Timpe
Rudi: Linda Kutz
Tammie: Daniela Bluhm
Yana: Julia Sieg

Bilder der Umschlagklappen:
innere Klappe vorne: © suns07butterfly/stock.adobe.com sowie Diana Tiebes
äußere Klappe vorne: Alison Marburger
innere Klappe hinten: © New Africa/stock.adobe.com
äußere Klappe hinten: Diana Tiebes
Umschlagrückseite: Diana Tiebes